◆幼儿园教师必备丛书·第三辑

# 幼儿教师不可不知的

# 80个儿童心理反应

张洪梅◎编著

上海科学普及出版社

图书在版编目（CIP）数据

幼儿教师不可不知的80个儿童心理反应 / 张洪梅编著.
-- 上海 : 上海科学普及出版社，2017.5 （2023.12重印）
（幼儿园教师必备丛书. 第三辑）
ISBN 978-7-5427-6886-5

Ⅰ. ①幼… Ⅱ. ①张… Ⅲ. ①学前儿童－儿童心理学
Ⅳ. ①B844.12

中国版本图书馆CIP数据核字(2017)第094110号

责任编辑 李 蕾

幼儿园教师必备丛书・第三辑
幼儿教师不可不知的80个儿童心理反应
张洪梅 编著

上海科学普及出版社出版发行
（上海中山北路832号 邮政编码200070）
http://www.pspsh.com

各地新华书店经销 山东博雅彩印有限公司印刷
开本787 × 1092 1/16 印张100 字数800 000
2018年4月第1版 2023年12月第3次印刷

ISBN 978-7-5427-6886-5 定价：298.00元（全10册）

# 前言

幼儿时期是孩子心理快速发育的阶段，这个时候的宝宝开始一点点用心去探索这个世界，所以会变得敏感而多变，情绪会有小波动。但是很多情绪的波动是因为孩子的语言表达能力的发展跟不上心理的发展，导致孩子无法排解自己的情绪，更不知道该如何去正确表达自己的想法。而这个时候，老师和家长的理解，就是孩子内心的语言。

幼儿园教师是和孩子接触得最早，也是孩子最重要的启蒙老师。幼儿园教师除了要教孩子学会自理、学会基本的安全意识、学会处理基本的人际沟通手段、学会基本的生存技能以外，还有一个最重要的职责，就是要成为孩子世界和成人世界之间的翻译，用自己的观察来翻译孩子的行为举动，用自己的观察来翻译孩子内心的变化，用自己的观察来感知孩子内心的成长，再用自己的力量在孩子的世界和成人的世界之间搭建起一座沟通的桥梁。

任何一个哭闹的孩子都是一个苦恼的孩子；任何一个发脾气的孩子都是一个受委屈的孩子。我们要透过孩子表达情绪的表象来理解孩子的内心，虽然他们只是一棵棵小小的苗，但是内心世界却和成人的世界一样大。

用温柔的心去倾听孩子的语言，用客观的评价标准去看待孩子之间的矛盾，用积极阳光的心态去帮助孩子解决成长中遇到的每一个困难，就是幼儿园教师伟大而神圣的任务。

# 目录

# 目录

# 目 录

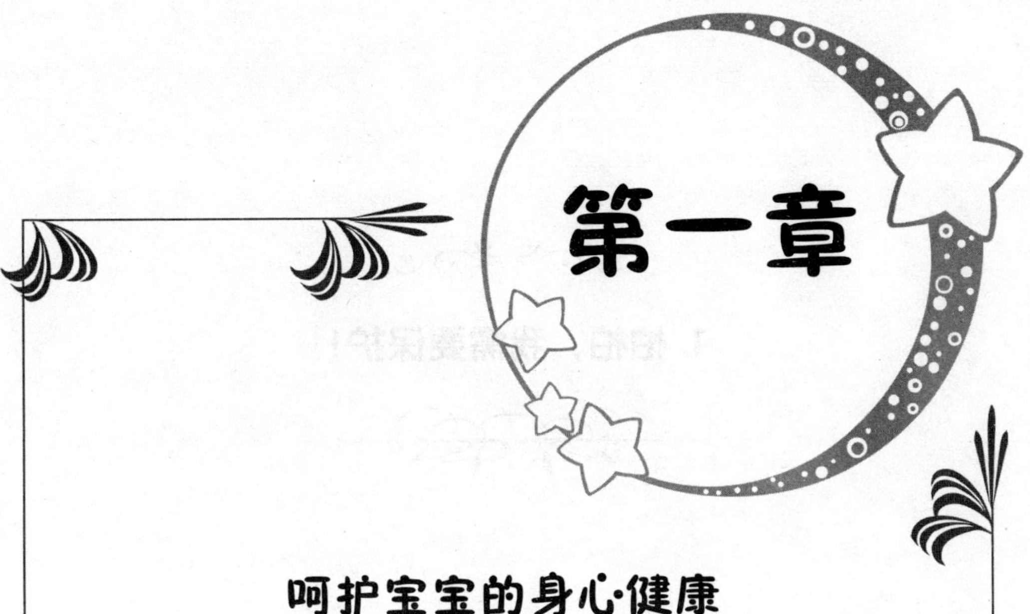

# 第一章

## 呵护宝宝的身心健康

宝宝的心思都很细腻，但是语言表达能力有限，有时候大人只能通过宝宝情绪的变化来还原其心理状态。所以细致地观察宝宝的情绪，对宝宝的身心健康十分重要。

## 1. 怕怕，我需要保护！

### 老师的观察

毛毛是个男孩，在幼儿园玩游戏的时候总是很胆小，喜欢被保护，遇到什么事情都喜欢躲在后面。希望能通过心理疏导，让毛毛勇敢一些，更加像一个小男子汉。

### 心理疏导实操

宝宝在游戏过程中喜欢被保护，依赖性太强，主要原因是家长在宝宝成长的过程中给予的关注太多。很多家长喜欢亲力亲为，不相信孩子的能力可以把事情处理好，但事实上宝宝的成长需要这些试错的过程。只有不断地自己拿主意，宝宝才能更加自信地成长。

在幼儿园中，老师要给予宝宝更多的机会，让宝宝自己做决定选择。

☆心理疏导第一天☆

先让宝宝做一些比较简单的决定。比如说："今天上课之前老师要带领大家唱一首歌，毛毛，你来说一下，我们今天唱什么歌好呢？"这样被尊重的感觉会大大增强毛毛的信心。

☆心理疏导第二天☆

继续肯定宝宝做的决定是正确的，并利用玩具或道具进一步加强宝宝的信心。比如说："毛毛，昨天你建议大家唱的歌曲非常好听，老师今天还是需要你的帮助。今天，小兔瑞贝卡需要一个小朋友帮忙照顾，这一整天要带着她上课、帮她换衣服、陪她睡午觉，就连做游戏的时候都要照顾她。毛毛，你将是第一个照顾瑞贝卡的小朋友，你能做到吗？"这样是给毛毛展现一个更加弱小的形象，对比之下，毛毛就显得更加高大了，让毛毛从内心给自己肯定！

在宝宝接受了任务挑战以后，老师还可以循序渐进布置一些简单但又容易获得极大满足感的小任务。宝宝需要在这样循序渐进的互动中获得自信，切忌在宝宝寻求保护的时候批评他，这样只会适得其反，让宝宝更加害怕表现，甚至恐惧社交。

## 2.我看起来不合群吗

### 老师的观察

乐乐在幼儿园里总是很孤僻，不和任何小朋友多交流，也不太爱说话。小朋友们集体唱歌做游戏，他也总是显得不太感兴趣。希望通过心理疏导，能让乐乐真的人如其名。

### 心理疏导实操

宝宝在幼儿园里显得不合群，其实是心里害怕与人交往。这样的宝宝也不会与人交流。但是宝宝的天性都是喜欢群体的，所以，我们要帮助宝宝打开心门，融入这个集体。

☆心理疏导第一阶段☆

先让宝宝家长带一些分享的糖果或水果，让宝宝一一分给小朋友。老师说："今天，乐乐小朋友为大家带来了分享的礼物，下面就让乐乐小朋友发给大家，小朋友们要坐好哦，每个人收到礼物都要和乐乐拥抱并说谢谢。"这样被小朋友开心地感谢，会让乐乐非常有信心，也非常享受和小朋友在一起的感觉。

☆心理疏导第二阶段☆

角色扮演

老师："小朋友们，今天花仙子过来给小朋友们分发花朵贴纸，美丽极了，所有的花朵贴纸都贴在花仙子美丽的裙子上，小朋友们喜欢的花仙子马上就要出来喽……"当乐乐有了一个角色的掩饰之后，会更加能放开自己，也会更加容易融入集体。

需要注意的是，这样的心理疏导虽然是分两个阶段，但是不要连续两天来做，中间可以间隔几天，否则会让宝宝觉得自己是班级的中心。

## 3.我的注意力不集中

### 老师的观察：

牛牛是一个很活泼的宝宝，在幼儿园里的适应能力也很强。但是牛牛对一件事情的持续注意力特别短，吃饭的时候也总玩，上课的时候经常东张西望。希望通过心理疏导，能让牛牛的注意力和其他小朋友一样集中。

### 心理疏导实操

宝宝注意力不集中通常是在家中养成的不良习惯，比如家长在宝宝看电视的时候会突然打断宝宝，让宝宝吃饭。在宝宝自己吃饭的时候会突然过来喂宝宝，久而久之，就会导致宝宝的注意力无法长时间集中。

☆心理疏导第一天☆

给宝宝定时间任务，比如在玩捉迷藏的时候："牛牛，今天你先来找藏起来的小伙伴，要闭上眼睛等着老师数 30 下才可以睁开眼哦！"这样在游戏过程中循序渐进增加时间。

☆心理疏导第二天☆

"今天我们要评选'认真听课小标兵'，一会在老师播放的儿歌视频中会出现很多小动物，大家一定要记住都出现了哪几种小动物。"然后适时提问牛牛并给予鼓励。

☆心理疏导第三天☆

饮食调理。对于注意力不集中的宝宝来说，吃饭的时候也会东张西望，老师可以先辅助喂宝宝吃饭，等宝宝有所进展之后，偶尔强调和督促一下即可。千万不要小看孩子吃饭时的习惯，对于孩子来说，只有两件事情最重要：一个是吃，一个是玩，如果能养成吃饭的好习惯，有利于宝宝的身心发展。

培养孩子的专注力是一项长期的任务，但同时也是非常重要的事情，因为一个简单的习惯可能会影响孩子的一生。

# 4.生病之后不爱上幼儿园了

## 老师的观察

可可是幼儿园小班的宝宝，已经来幼儿园快半年了，一切都已经适应了，可是这几天可可感冒在家休息了3天，回幼儿园之后突然闷闷不乐，早上来幼儿园的时候总是要哭闹一阵子。希望通过心理疏导让可可重新爱上幼儿园。

## 心理疏导实操

宝宝生病之后突然不爱上幼儿园是常见现象，因为生病的宝宝在家里特别受关注，即使胡搅蛮缠地哭闹，家长都会耐心安抚。所以在病好之后上幼儿园会有一个心理落差，只要稍加调整就可以让宝宝重新爱上幼儿园了。

☆心理疏导第一天☆

可可的欢迎仪式。在吃早饭之前，将早饭前的游戏时间或者朗读时间改成可可的小小欢迎会，组织所有的小朋友一起说："可可，我们想你了，你终于回来了！"然后让小朋友们一起过来和可可拥抱，老师还可以送给可可一朵欢迎归来的小红花。

☆心理疏导第二天☆

生病刚刚痊愈的宝宝还需要多多关注身体状况，要多关心宝宝喝水以及小便，这样一来可以掌握宝宝的康复情况，二来可以让宝宝更有归属感。

宝宝生病之后的心理落差其实大多数是来自于家庭，所以这个时候老师还要多和家长沟通，让家长在家里多陪陪孩子，只要孩子得到了足够的爱，就会成为一个爱笑的天使。

## 5.我是阶段性不开心

### 老师的观察

妞妞是一个心思细腻的小宝宝，平时性格有些内向，但是在大型集体活动的时候，孩子的天性还是很活泼的，只是有些敏感。这几天，妞妞突然闷闷不乐，也不太爱玩了。希望通过心理疏导，让妞妞快乐起来。

### 心理疏导实操

性格内向的宝宝一般都比较敏感，对于老师或家长一些细小的疏忽会很在意，但是对于一些细小的关心也会很在意。老师在和幼儿交流的时候要学会借助道具，让沟通更加顺畅。

☆心理疏导第一天☆

给妞妞一个洋娃娃，并告诉她："妞妞，这是我们的新伙伴比卡，它是新来的小朋友，请你一定要帮助老师照顾好它，带着它一起做游戏好吗？"这一天老师要多多和妞妞沟通，询问比卡的情况，适时鼓励及奖励妞妞。

☆心理疏导第二天☆

同样让妞妞照顾比卡，但是不再询问比卡的状况，而是适时给妞妞一个肯定的眼神和微笑。放学前再和比卡说："比卡，老师今天很忙，都没有关注到你，但是幸好有妞妞照顾你。不过老师发现，没有老师的帮助，比卡笑得也很开心，比卡和妞妞都应该得到小红花。"

让宝宝重新快乐起来只是其中的一个目的，要让孩子逐渐适应家长或老师偶尔的忽略才是最重要的，因为我们的教育目的是让孩子可以获得让自己高兴起来的力量和方法！让孩子可以多多注意到事情积极的一面。

## 6.遇到困难我会想哭

### 老师的观察

然然是一个性格内向的男孩子，遇到困难的时候总是会哭鼻子，从来都不想怎样解决，不是依赖爸爸妈妈，就是依赖老师。希望通过心理疏导，让然然能更加勇敢、更加自信一些。

### 心理疏导实操

宝宝遇到困难一般都是“知难而退”的，但是大多数宝宝都会“初生牛犊不怕虎”，根本不知道这是“难”，所以不会“退”。而然然是因为觉得什么事情都难，所以只会“退”。

☆心理疏导第一天☆

“这一周，幼儿园需要两名文明小标兵到门口执勤，就像最帅气的警察一样，今天由然然和欢欢一起去。见到每一个同学都要说早上好，见到老师说老师早。能做到吗？”“能！”找一个比较活泼的宝宝一起陪同然然完成任务，可以降低然然对于困难的恐惧。

☆心理疏导第二天☆

“昨天的文明小标兵做得非常好，今天老师还有一个要求，就是小标兵向小朋友问好后，要给小朋友发笑脸的贴纸，代表我们的友好和礼貌。每发出去一个笑脸贴纸就代表我们交了一个新的朋友，我们来看看，今天究竟能交到多少好朋友！”

经过一周的任务训练，然然学会了以下几点：

1. 像欢欢一样乐观。

2. 主动和小朋友打招呼。

3. 学会和陌生小朋友交流并能交到好朋友。

4. 明白使命的重要性和荣誉感。这是比任何知识都重要的素养。

## 7.有时候我会自言自语

### 老师的观察

乐乐是一个有点孤僻的宝宝，不是特别喜欢和小朋友交流，但是非常喜欢自言自语。希望通过心理疏导，让乐乐将倾诉的对象从玩具转变为自己身边的朋友。

### 心理疏导实操

宝宝性格孤僻的原因一部分是天性比较内向，还有一部分是有点自卑、胆小。家长要配合幼儿园老师一起帮助宝宝疏导心理。要让宝宝多参加一些集体性的活动，多带宝宝接触一些表演或儿童剧。宝宝的性格可以内向，可以腼腆，但是绝对不可以孤僻。

☆心理疏导第一天☆

宝宝学说话

“今天我们要做一个游戏，站在老师左边所有的宝宝都是1号，右边的都是2号。1号小朋友走过去拉住你对面的2号小朋友的手。2号小朋友要学1号说话，也就是说，从现在开始，1号说什么，2号就要跟着说什么。这个环节中乐乐一定是2号宝宝。”让乐乐从学其他小朋友说话开始，慢慢融入到这个集体中来。

☆心理疏导第二天☆

继续上一天的游戏，这一次要做一个比赛，看每一组的小朋友，谁能在不动手的情况下，把一两个小朋友逗笑。可以做鬼脸，可以讲有意思的故事，什么都可以，看谁胜利哦！主要目的就是让乐乐能够在一个轻松的环境下和小朋友交流，同时增进小朋友之间的感情。

帮助性格孤僻的小朋友疏导心理，最大的困难不是疏导环节的设置，而是小朋友的参与性会很弱，所以一定要循序渐进，不能操之过急。

# 8.无缘无故又哭了

## 老师的观察

多多上幼儿园3个多月了，已经基本适应了幼儿园的生活，可是最近几天，多多总是突然一个人就哭了起来，不是嚎啕大哭，而是那种已经极力在忍耐但是没忍住地哭。希望通过心理疏导，让多多说出自己的心里话。

## 心理疏导实操

如果宝宝无缘无故地哭，甚至是隐忍地哭，那说明此时此刻在宝宝的心里早已经泪如雨下。小宝宝是最藏不住心事的，而很多被大人忽视的小事情对于宝宝来说都是头等的大事。在疏导宝宝心理的同时，一定要及时和家长沟通，挖掘宝宝内心的语言。

☆心理疏导第一天☆

致电宝宝家长，询问宝宝最近在家里的情绪有没有异常。经过了解发现，最近多多的妈妈加班，经常在多多睡着了之后才回到家里，早上也走得很早。所以多多最近情绪有些波动。和多多妈妈交流之后，多多妈妈决定早上起床的时候顺便也叫多多起床，让多多和妈妈一起洗脸，妈妈穿衣服和化妆的时候都咨询多多的意见。

在多多到达幼儿园之后，老师会很惊讶地问起："多多，今天怎么来这么早啊？今天妈妈给老师打电话，说多多好棒好乖，帮助妈妈搭配了一套好漂亮的衣服呢，老师今天要给多多奖励一朵小红花。"

☆心理疏导第二天☆

用讲故事的方式告诉小朋友们，爸爸妈妈就是宝宝的超人，每天早出晚归去执行秘密行动。但是正因为他们是这么强大的人，所有才会有数不清的秘密使命。所以小朋友们一定要帮助爸爸妈妈完成使命，要乖乖听话，等待超人归来！

每一个宝宝心中都有一片花园，需要用心灌溉才会开出美丽的花朵。所以，从小在孩子心中植下爱的种子，长大以后，宝宝会因为"会爱"而更加幸福。

# 9.宝宝也是有自尊心的呢

## 老师的观察

小雨是一个活泼好动的宝宝，但是这一天，小雨在休息时间玩得太欢了，没来得及上厕所，结果就尿裤子了。小雨觉得很没面子，甚至有些恼羞成怒地对身边的小朋友怒吼！这是宝宝觉得自尊心受伤害了。如果不及时疏导，宝宝以后会有意识地憋尿，不肯尿出来。

## 心理疏导实操

宝宝尿裤子之后，老师千万不能有太夸张的表现，首先要很轻松地和宝宝说没关系的，我们先去换一身干净又帅气的新衣服。

☆心理疏导第一阶段☆

“小雨，你能不能告诉老师，你觉得世界上最厉害的人是谁啊？”

“是我爸爸。”

“为什么呢？”

“因为我爸爸什么都不怕，还能把我举到好高好高的地方！”

“那你知道吗？这么厉害的爸爸，在小时候也是会尿裤子的呢。但是长大以后就会变成超级英雄！”

☆心理疏导第二阶段☆

树立榜样

“小朋友们，大家知道纸尿裤是怎么发明出来的吗？是很久很久以前，有一个很厉害的人，他的小孙女出生以后，每天尿裤子，他就要每天为宝宝洗尿布。后来，他想，如果世界上有一种可以不用洗的尿布就好了，所以他就根据小宝宝爱尿裤子的事情发明了纸尿裤，连宇航员叔叔都要穿纸尿裤哦！没想到，还是你们这群爱尿裤子的小捣蛋促进了科技的发展呢。大家说那个发明纸尿裤的老爷爷棒不棒？宇航员叔叔棒不棒？爱尿裤子的宝宝棒不棒？等我们一点点长大了，开始不尿裤子了，也可以做出很了不起的事情的！”

心理实操首先是弱化尿裤子在宝宝心中的羞耻感，其次是让宝宝不要认为这是一个可以嘲笑他人的理由，最后帮宝宝树立一个积极正面的榜样的形象。

## 10.怎么办，我不想失败

### 老师的观察

悠悠在幼儿园里总喜欢争第一，不是第一就会哭鼻子。有一些自己不是非常拿手的小比赛悠悠根本不敢参加，因为她怕失败。希望通过心理疏导，让悠悠明白输赢没有那么重要，成长和快乐才是最重要的。

### 心理疏导实操

宝宝害怕失败，一定是害怕失败之后大家的反应。而这么小的孩子之所以会有这么严重的输赢感，也都来自身边的人的反应，有可能是家长，也有可能是老师，想要调整这种心理需要大家一起来努力。

☆心理疏导第一阶段☆

“悠悠，老师有一个很重要很重要的任务要交给你来完成，窗台上的小花口渴了，还没有喝水，你去把这杯水给它浇上，小心别弄洒了。”此时，水杯里要装满满一杯水，老师的目的是让悠悠将水弄洒，果不其然，悠悠给花浇了水，却弄湿了地面。

☆心理疏导第二阶段☆

“悠悠，水洒出来了，地面湿了。不过没关系的，我们一起来处理，来，拉着老师的手，和老师一起做。”老师带着悠悠去拿拖布，在老师的帮助下，悠悠将地面擦得很干净。“悠悠你实在太棒了，本来老师只给你一个任务，现在你却完成了两个任务。所以我们将水洒了，感觉上像是第一个任务失败了，但是实际上却正是因为水洒了，我们擦地的任务才能成功的！”

心理疏导的主要目的是让孩子体验到任何事情都是有成功也有失败，但是失败了也没有什么可怕的，只要处理得当，这一次的失败就是下一次成功的开始！

## 11.我还小，别总嫌我慢

### 老师的观察

诺诺是一个性子很急，动作却很慢的宝宝，他经常在自己和自己较劲，自己也能把自己气得直喘粗气。希望通过心理疏导，让诺诺慢下来。别急，你还小。

### 心理疏导实操

宝宝性子急其实和家长性子急有很大的关系，所以在给宝宝做心理疏导之前老师要先和家长沟通，家长先要能接受宝宝的慢，宝宝自己才能接受自己的慢。

☆心理疏导第一阶段☆

种花

“今天我们要在花盆里种一粒种子，诺诺，第一周你来负责照顾这粒小种子，每天给它浇水，对它说我爱你，让种子宝宝幸福地成长。浇水的时候一定要端着水壶慢慢走，每走一步就说一

声我爱你，这样这粒种子才能得到最多的能量来成长。”

☆心理疏导第二阶段☆

每天都让诺诺过来等待种子发芽，每次等5分钟左右，其间要对种子说：“小种子乖乖，不着急，诺诺可以等着你慢慢长，因为老师说过，慢慢长的小苗更结实。”

当种子真正发芽后，老师就可以告诉诺诺，所有的事情都会有一个过程，种子要一点一点发芽，宝宝要一点一点长大，我们要慢慢感受，才能发现世界其实很美好。

## 12.我的身体真的好神奇

### 老师的观察

小虎4岁了，最近发现小虎喜欢玩弄自己的生殖器，有时候两个男孩子凑在一起还会互相展示自己的小鸡鸡和屁股。女孩子看见会说“没羞，没羞”。希望通过心理疏导让小虎意识到生殖器只是人体的一个器官，让孩子们有一个无惊无险的性意识启蒙。

## 心理疏导实操

这一时期的孩子，在发现自己的“隐私”后，在一段时间内，都会对它产生极大的兴趣。而家长或老师在发现孩子的这一正常行为时，一旦有过激行为，很容易让宝宝对性或者排便产生羞耻心，不利于宝宝的身心发展。

☆心理疏导第一天☆

教宝宝认识自己的器官，包括男女宝宝的私处。告诉宝宝这是自己的隐私处，是用来排尿的，也是我们的小秘密。我们要像爱护自己的眼睛一样爱护它并且保护好它，不能随便被别人发现自己的小秘密。

☆心理疏导第二天☆

致电孩子的家长，取得一致的沟通意见，让家长注意，一旦发现宝宝在家有玩弄自己生殖器的现象时，一定不要批评或者打骂孩子，这是儿童成长的一个必由阶段。只要孩子能够顺利通过这个时期，就可以平淡地接受自己的性器官了。

有的孩子这个时期喜欢睡觉夹着枕头或者被子，这是下意识夹紧生殖器的举动，老师或家长可以轻轻地将孩子放平并拍一拍，安抚孩子安然入睡。

## 13.男孩和女孩有什么区别

### 老师的观察

幼儿园小朋友在排队上厕所的时候，女孩子总是好奇，为什么男孩子要站着尿尿，而男孩子会更好奇女孩子为什么没有小鸡鸡。这时候的宝宝会互相偷偷展示自己的裸体，虽然大人会一直制止，但是孩子的好奇心已经打开了，必须好好疏导。

### 心理疏导实操

通过心理疏导，让孩子们正确认识自己的性器官，正确对待性这件事情，正确理解男人和女人的身体。

☆心理疏导第一阶段☆

**告诉宝宝们，男孩长大以后就会变成爸爸的样子，女孩长大**

以后就会变成妈妈的样子。男孩会越来越勇猛，女孩会越来越美丽。同时可以给宝宝看一些卡通的两性图片。性教育启蒙越是遮遮掩掩，就越能激发起宝宝的好奇心。坦坦荡荡反而能平淡度过这一时期了。

☆心理疏导第二阶段☆

教宝宝一些男宝宝和女宝宝长大以后的心理上的区别。男孩子一般都会比女孩子长得高，会更加强壮，可以保护自己的家人。女孩子身材会更加娇小，也会更加灵活，很多精细的动作都是女孩子做起来更厉害哦。

宝宝在发现男宝宝和女宝宝的性别差异后，会不断提出各种关于性的疑问，家长和老师一定要正确加以引导。

## 14.女孩可以和爸爸洗澡吗

### 老师的观察

倩倩是一个很乖巧的小女孩。在一次幼儿园的大型活动中，老师们都比较忙，倩倩突然有尿了，就找到了身边的一个男老师，让老师带她去上厕所。男老师抱着倩倩快速找到一个女老师带倩

倩去上厕所了。老师发现倩倩的性别意识比较淡，所以性启蒙的教育时刻都需要进行。

### 心理疏导实操

通过和家长的沟通，老师了解到，倩倩妈妈工作很忙，大多数时间都是奶奶和爸爸在照顾倩倩。有时候奶奶累了，就是爸爸在帮助倩倩洗澡。虽然家长觉得这样做没有什么，但建议孩子 3 岁之后就不要采取这种方式了。

因为我们要让孩子从小树立性别意识和自我保护意识，像洗澡这种日常生活行为，应由同性别的家长陪伴，5 岁以上儿童采取独立洗澡，家长予以辅助。

☆心理疏导☆

在我们的身体上，有很多小秘密。女孩的身体有三个小秘密，分别是乳房、小便处和小屁股，是不可以让男孩子看见的。男孩子身上有两个小秘密，分别是小鸡鸡和小屁屁，也不可以让别人看见的。我们的小秘密都很胆小、害羞，需要保护，如果被别人看见了它们会很难过。

无论是男孩子还是女孩子，一定要有基本的自我保护意识，老师和家长都要给予足够的重视。

## 15.男孩不可以玩洋娃娃吗

安安是一个很好动的男孩子，喜欢打掉小朋友手中的皮球，然后大笑着跑开，还喜欢在自由活动的时候又蹦又跳。但是在老师让大家选择玩具在室内玩的时候，每一次安安都选择了洋娃娃。其他的男孩子会嘲笑他，这让安安有些不安。不过还好安安是一个性格开朗的宝宝。老师希望通过心理疏导，让大家不再嘲笑安安。

### 心理疏导实操

大多数人喜欢给男孩子和女孩子一出生就贴上标签，比如男孩子就应该喜欢玩具车和飞机，女孩子就应该喜欢洋娃娃。实际上这不仅束缚了孩子思维的发展，也是非常片面和不客观的。

☆心理疏导第一天☆

让小朋友们都说一说自己最喜欢的玩具和颜色。当安安说到自己喜欢洋娃娃的时候，被几个男孩子嘲笑了，不一会，所有的宝宝都开始笑起来。老师说：“每个人都有自己的选择，每个人都有自己最喜爱的玩具，没有哪一种更好，只有最适合自己的。只要这个玩具能给你带来快乐，就是值得你喜欢的。”

☆心理疏导第二天☆

“今天老师给大家讲一个故事。亨利是一个很爱运动的男孩。小时候爸爸给他买了一个篮球，他练习了好久，成为了小朋友中的投篮高手。后来爸爸给他买了一个电动小火车，他也很喜欢。可是，他最想要的是一个洋娃娃。然而，哥哥和邻居嘲笑他，爸爸妈妈也不理解他，直到奶奶的出现。奶奶为他挑选了一个漂亮的洋娃娃，长大以后，威廉非常有爱心，成为了一名非常厉害的运动员，同时也成为一名合格的父亲。”

心理疏导过程是为了让小宝宝学会客观评价一个人，不要用任何有色眼镜看待任何事物。学会尊重他人，尊重他人的选择，尊重他人的品位。

# 16.爸爸扔掉了我的布娃娃

## 老师的观察

晨晨是一个性格有些腼腆的男孩子，他和其他男孩子不太一样，不喜欢小汽车、遥控飞机，也不喜欢玩具枪。他只喜欢一个布娃娃。上幼儿园也一定要抱着这个布娃娃。家人觉得男孩子不可以这样，决定扔掉晨晨的布娃娃，所以这一天晨晨是哭着到幼儿园的。老师希望通过心理疏导，让晨晨开心起来，也能让家长放心。

## 心理疏导实操

首先，老师应该和家长沟通，男孩子喜欢布娃娃并没有错，因为孩子的性别意识还没有成熟，有很多孩子会将这种现象一直延续到青春期，只要孩子的身心是健康的就可以。而更关键的是要疏导孩子内心的创伤，因为对于幼儿来说，一个喜欢的玩具有玩伴的作用的。让晨晨不带布娃娃上幼儿园，其实和失去一个朋友是一样的感觉。

☆心理疏导第一天☆

“晨晨，老师知道你的布娃娃不见了，那是你的好朋友对不对？”

“嗯。”

“那我们一起给布娃娃画一幅画好吗？然后把布娃娃的画像贴在幼儿园的学习园上，让它一直在幼儿园陪着你。”

☆心理疏导第二天☆

找朋友的游戏

“小朋友，听老师讲游戏规则。首先，小朋友们先分成两组，面对面站好。然后伸出自己的小手，拉住对面小朋友的小手。现在，你们就是互相找到的好朋友了。今天每一对好朋友之间都是有任务的，你们吃饭要挨着坐，吃饭之前要互相微笑、拥抱。做游戏的时候也要在一起，要手拉手一起去活动室。放学时要互相拥抱说再见。”这样做是帮晨晨找到一个更好的伙伴，让晨晨逐渐忘记布娃娃。

孩子的心理受不得一点伤害，有时候家长觉得自己的行为是为孩子好，结果却伤害了孩子的心。老师要及时帮助孩子做心理疏导，以免孩子留下心理创伤。

# 17.这个事情我一个人不敢做

## 老师的观察

伊伊是一个很胆小的宝宝，什么事情都不敢一个人做，就连幼儿园里小朋友的儿歌朗诵都没有参加，因为伊伊一个人会很害怕。希望通过心理疏导让伊伊独立一些，勇敢一些。

## 心理疏导实操

孩子有依赖性是很正常的心理反应，因为小孩子对这个世界的认知有限，对于陌生事物有紧张害怕的情绪是很正常的。但是如果过于依赖别人，就一定是在成长的过程中有“成长缺失”的部分。同时孩子没有成就获得感，所以会不自信，觉得自己一个人做，这件事情一定会搞砸。其实对于伊伊的现象，让她树立自信心比教会她勇敢更重要。

☆心理疏导第一阶段☆

在地上画一道线，让所有的小朋友按照学号的顺序排好队，

依次跳过去，跳的时候要说口号。

第一轮跳的时候依次喊数字；第二轮跳的时候依次喊自己的学号："我是1号、我是2号……"；第三轮跳的时候喊："我叫伊伊，我是13号"；第四轮跳的时候大声喊："我是快乐的小天使，我爱我的小伙伴。"这样游戏的形式从易到难地喊口号，很容易被伊伊接受，而且是大家都在一起轮流来做，压力感会很小。

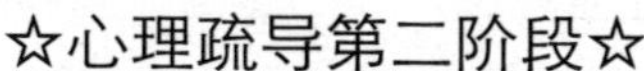

☆心理疏导第二阶段☆

摸瞎

让伊伊蒙上眼睛，从1数到10之后，小朋友就不允许动了，然后伊伊就可以来抓小朋友们了。让伊伊蒙上眼睛是因为面对人多的场面，伊伊会紧张，所以为了让伊伊尽快适应人多的场面，先从蒙着眼睛做游戏开始。

依赖性强的孩子只不过是自己一个人做事的机会太少了，而幼儿园就是要把孩子培养成独立的个体，可以自己作决定，也可以自己承担结果。让孩子有自主选择的权利，是给孩子最好的礼物。

## 18.妈妈说我很偏激

### 老师的观察

粒粒的爸爸妈妈都是家里的独生子女，爷爷奶奶、外公外婆就这么一个小宝贝，宠得不得了，妈妈说粒粒有些偏激，但是老人宠得紧，爸爸妈妈说的话也不听。家长希望老师能够通过平时的观察疏导粒粒。

### 心理疏导实操

粒粒凡事都喜欢埋怨别人，所有的事情都是别人的错，一点点小事情就会很不开心呢。老师希望通过心理疏导，让粒粒成为一个宽容爱笑、遇到事情先从自己身上找原因的宝宝。

☆心理疏导第一天☆

粒粒今天上幼儿园没有带自己的水杯，奶奶将粒粒送到幼儿园之后便回家去取了。

可是粒粒还是不开心说:“都怪奶奶，笨奶奶，什么都不记得。”

老师微笑着问：“可是奶奶记得送粒粒来幼儿园、记得回家的路、记得怎么做饭、记得怎么带粒粒出去玩，老师觉得粒粒的奶奶真是厉害。那粒粒能不能告诉老师，奶奶还有哪些很厉害的地方呢？”

通过突发事件做及时的心理疏导，让宝宝多看到一些积极正面的因素。

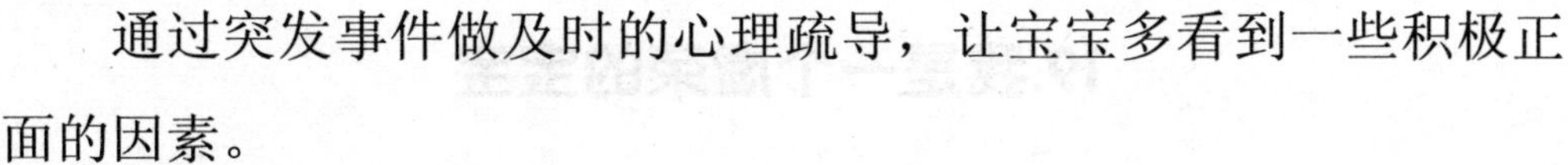

☆心理疏导第二天☆

找来一些旧的、残缺的玩具，让宝宝们说出这些玩具的优点，说说自己觉得最美的玩具，当然，要重点提问粒粒，并给予鼓励和肯定。通过这样的游戏可以让宝宝更具备发现美的眼光，让宝宝学会客观地看待一个事物。

在幼儿阶段，宝宝所表现出来的偏激只不过是以自我为中心而已，总觉得自己才是世界的闪光点。老师需要通过心理疏导，让宝宝多发现世界的美好，也多看见别人的闪光点。

## 19.我是一个虚荣的宝宝

### 老师的观察

娇娇非常喜欢攀比，不喜欢老师说其他宝宝漂亮，不喜欢老师说其他宝宝聪明，总是希望自己得到最多的奖励。由于娇娇的小小虚荣心，她经常会说其他小朋友的衣服丑死了、玩具一点都不好玩，等等。希望通过心理疏导让娇娇不再这么虚荣，有正确的价值观。

### 心理疏导实操

幼儿有虚荣心理会显得很不合群。虚荣心强的宝宝容易出现破坏性行为，如打击、讽刺别人等，这不利于宝宝人格的塑造。

☆心理疏导第一阶段☆

要让宝宝认识到虚荣是不对的。给宝宝讲《狐狸和乌鸦》的故事。同时也要让宝宝学会赞美别人，承认别人也是美的，这样还能收获友谊。

☆心理疏导第二阶段☆

给宝宝树立积极正面的典型榜样。重新改编《狐狸和乌鸦》的情节。这一次，要让乌鸦不再虚荣，不上狐狸的当。然后乌鸦吃完肉之后也赞美了百灵鸟的歌声动听，和百灵鸟成为了好朋友。

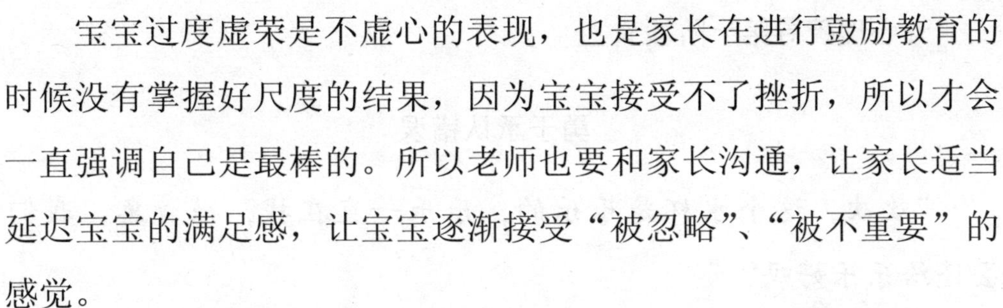

宝宝过度虚荣是不虚心的表现，也是家长在进行鼓励教育的时候没有掌握好尺度的结果，因为宝宝接受不了挫折，所以才会一直强调自己是最棒的。所以老师也要和家长沟通，让家长适当延迟宝宝的满足感，让宝宝逐渐接受“被忽略”、“被不重要”的感觉。

## 20.我偷东西了

### 老师的观察

乐乐今天带了一个非常漂亮的小水杯，小朋友们都说好看。可是放学的时候却没有找到，原来是被欢欢拿走了。老师希望通过心理疏导，让欢欢知道未经允许拿走别人的东西是不对的，也要增强孩子的所属权意识。

## 心理疏导实操

儿童“偷”东西的行为会在5-8岁时达到高峰，然后逐渐消失，孩子经常“偷”东西，通常有以下几种原因：

（1）心理因素，为了获取关注；

（2）孩子还不太懂，没有形成正确的道德观念，不觉得有错；

（3）家长平时太限制孩子的零花钱。

☆心理疏导第一阶段☆

### 勇于承认错误

“欢欢，这个水杯是乐乐的，乐乐一直在找，很着急，我们去还给乐乐好吗？”

“不好，欢欢喜欢，欢欢也要。”

“欢欢，这个水杯是乐乐的，你拿的时候要征求乐乐的意见，好吗？”

老师带着欢欢去找乐乐，并主动向乐乐道歉。

☆心理疏导第二阶段☆

建立欢欢的所属权意识。比如，老师向欢欢借东西。

“欢欢，老师想借用一下你的小书包可以吗？”

“可以！”

“谢谢你，谢谢你的帮助。”

通过心理疏导，让欢欢明白，要尊重每个人的物品所属权，同时也让欢欢感受到被尊重的感觉，这样欢欢就可以更注意到这

件事情了。

## 21.宝宝虐待小动物了

### 老师的观察

幼儿园养了一缸金鱼，3 岁的蕊蕊每天都要折腾那几条金鱼。每次虐待完小动物，她还开心地大叫："看，我把金鱼尾巴揪掉了。""哈哈，金鱼的大脑袋被我弄碎了，真好玩！"希望通过心理疏导让蕊蕊虐待小动物的行为不要继续发展下去。

### 心理疏导实操

心理学研究表明，人类个体具有攻击和破坏的本能，当遭遇心理压力和挫折境遇时，侵犯动机就可能被重新激发，进而表现出攻击性。当因为某种原因不能对侵犯者进行还击时，往往会找一个替罪羊发泄一番。宝宝虐待小动物的行为也是这样，一方面可能是对自己缺乏自信，所以试图以此显示自己的能耐，获得某种心理补偿；另一方面则是因为生活中经历了某些事情而导致心

中郁闷、情绪紧张，想要通过这种方式得到发泄。

☆心理疏导第一阶段☆

宝宝之所以出现虐待行为，如果不是有同样的虐待小动物的模仿对象的话，那么很有可能是因为内心有压力。因此，老师要详细了解导致宝宝产生这种行为的真正原因，然后针对宝宝的情况进行心理疏导，家长尤其要注意平时多关心宝宝，多陪伴宝宝，给予他足够的温暖，帮助宝宝解除心理压力。

☆心理疏导第二阶段☆

和家长沟通，让家长有机会带宝宝和小动物亲密接触。带宝宝到动物园、海洋馆、野生动物园等地方玩耍，给他和小动物亲密接触的机会，让他了解小动物，发现小动物的诸多可爱之处，培养他和小动物之间的感情。

幼儿时期是人格形成的关键时期，也是获得感受爱的能力的敏感期。所以，如果在宝宝幼年时期没有让他充分地感受到爱，或者没有给予他足够多的感受爱的机会，宝宝就有可能失去这种能力，所以当他一旦表现出“不会爱”时，一定要及时进行心理疏导，必要时应到专业机构接受治疗。

## 22.怎样做一个乐观的宝宝

关关是一个很悲观的宝宝，无论什么事情都激不起他的兴趣。如果想要和小朋友们一起玩，关关就站在旁边一直看着人家。老师说:“关关，怎么不去和大家一起玩啊？”“我怕他们不喜欢我。”关关就是这样，什么事情都想到最坏的一面。希望通过心理疏导，让关关成为一个积极乐观的宝宝。

### 心理疏导实操

宝宝的悲观情绪是要循序渐进来调整的，而且悲观的宝宝一般都很敏感，老师一定要仔细观察宝宝的情绪波动。

☆心理疏导第一阶段☆

让其他小朋友主动邀请关关玩游戏。当关关由不理睬小朋友的邀请，到偶尔理睬时，老师一定要注意。这就是关关在表达自

己愿意参加的愿望，要及时鼓励。当关关由被邀请变得能主动要求参加小朋友们的活动时，要给予强化。这样可以促使孩子一步一步地向理想的目标迈进。

☆心理疏导第二阶段☆

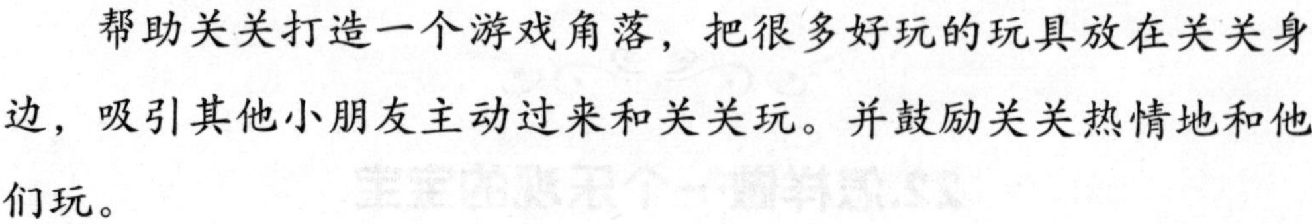

帮助关关打造一个游戏角落，把很多好玩的玩具放在关关身边，吸引其他小朋友主动过来和关关玩。并鼓励关关热情地和他们玩。

心理学家的试验结果表明，运动刺激对幼儿的心理发展是很重要的。因此，悲观的宝宝要多与其他孩子一起锻炼，一起做游戏，多参加集体活动，宝宝的情绪会逐渐被感染。

## 23.我是蛮横的暴力宝贝

### 老师的观察

金金是一个非常活泼的宝宝，但也是一个非常“暴力”的宝宝，在玩滑梯的时候，金金会突然冲过去将其他小朋友压在身下；搭积木的时候他会突然推倒其他小朋友的积木。希望通过心理疏导，让金金不再这么蛮横。

## 心理疏导实操

首先，我们应该了解孩子“打人”的真正原因 。

（1）表达不当。精力充沛、体格强壮的孩子，和其他同伴玩球、溜滑梯时，常把别人压倒、撞倒或推倒，其他孩子认为这叫“打人”。其实，这是他“示好”的行为。

（2）不能自我控制。冲动易怒的孩子，疲倦、饥饿、想睡时，比较难以自我控制，需要老师从旁协助，及早安抚情绪，并再三提醒：“打人是很不好的行为。”

（3）遇到挫折，不知如何处置。有的孩子遇到无法自我完成的事情时，常以打人表示其挫折感。例如：积木每次叠到第五块就垮下来，饮料罐怎么样也打不开，七巧板拼不回最后一片……你必须在孩子失去耐心前帮助他。否则，孩子很容易因此发脾气。

（4）家长做了坏榜样。有的家长会在孩子不听话的时候用“再不听话就打你”来吓唬宝宝，虽然没有实施，却被宝宝认为这就是解决问题的手段。

☆心理疏导第一阶段☆

帮助宝宝学会正确表达自己的情绪。比如开心时可以互相拥抱，可以跳，甚至可以大声尖叫。不开心的时候可以说明原因。

☆心理疏导第二阶段☆

帮助宝宝了解社交规则。幼儿园可以模拟吃自助餐的场景，让一个家长也陪同参加，在这种模拟的大型活动中，让宝宝学会敬畏规则、遵守规则。在宝宝学会遵守规则的时候，就会明白在相应情况下怎么做是正确的。

幼儿感到挫折或受到忽略时，紧张或愤怒的情绪就会油然而生。孩子本来就不及成人成熟，不知道怎样应付紧张情绪，所以经常不当的表达愤怒。打人，是孩子回应外在问题的最原始方法之一，也是保护自己的本能反应。

## 24.我是从哪来的

在幼儿园组织看动物世界科教片之后，小朋友们知道了小鸡是从蛋壳里生出来的，小鱼是在鱼妈妈产的鱼卵变的，那么宝宝呢？宝宝是从哪里生出来的？

### 心理疏导实操

宝宝在幼儿园期间的性教育启蒙很重要。有很多家长对于宝宝的性教育还羞于启齿。这一点要循序渐进。老师可以在幼儿园期间就给宝宝一些关于爱情的美好的启示。孩子虽然不理解，但是却能知道，对于爸爸妈妈了来说，那是很重要很美好的事情。

☆心理疏导第一阶段☆

宝宝是怎么来的

“今天老师讲一下小朋友是从哪里来的。是爸爸爱上了妈妈，妈妈也爱上了爸爸，然后他们举行了浪漫的婚礼。结婚之后，爸爸把自己的爱给了妈妈，一直送到妈妈心里。妈妈有了爸爸的爱，又拿出自己的爱，在肚子里就孕育了一个爱的宝宝。所以大家都是带着爸爸妈妈的爱出生的。有的小朋友眼睛像爸爸，那就是爸爸的爱。有的小朋友嘴巴像妈妈，那就是妈妈的爱。”

那么小朋友是怎么生出来的呢？是因为小宝宝在妈妈的肚子里长啊长啊，妈妈的肚子里实在装不下了，医生就会接宝宝出来。有的妈妈肚子上有一个神奇的拉链，一拉拉链宝宝就生出来了，而且至今那条拉链还在。肚子上有条拉链的妈妈都是超人妈妈。有的宝宝是从一个特殊的通道来到这个世界的，叫做生命之门，是看不见的，也是宝宝和妈妈之间的秘密。肚子上没有拉链的妈妈都是勇士妈妈。超人和勇士什么事情都可以做到，而爸爸更厉害了，是负责保护超人和勇士的骑士！

☆心理疏导第二阶段☆

学会表达对家人的爱

“小朋友们都知道自己是怎么来的了，就要知道，如果没有爸爸妈妈的爱就不会有小宝宝，所以爸爸最爱的人应该是妈妈，妈妈最爱的人应该是爸爸。而只要他们之间的爱够多，宝宝就可以带着爸爸妈妈的爱快乐的成长了。今天晚上回家之后要记得和爸爸妈妈说我爱你。”

植根一颗爱的种子，同时让宝宝知道爸爸妈妈是爱彼此的，

带着爱成长，会更有力量！

## 25.我总是心事重重

### 老师的观察

可可在幼儿园的时候总是显得心事重重，可可的爸爸妈妈说她在家里也是这样，经常会揣测大人表情的含义，如果觉得她很可爱，然后忍不住笑出来，可可会说：“你为什么嘲笑我？”然后认定大家不喜欢她。希望沟通过心理疏导让可可不要过于在意他人的评价。

### 心理疏导实操

幼儿心思细腻其实是在成长，只不过如果家长就单凭这一点给宝宝加上一个标签，就会给宝宝一种心理暗示，让宝宝觉得自己就是这样的一个人。其实心理疏导更多的是给宝宝一个积极正面的心理暗示，让宝宝觉得自己是更好的样子。

☆心理疏导第一阶段☆

针对可可常见的语言来进行行为分解

可可："你是不是嘲笑我？"

老师："当然不是了，微笑是最好的肯定，只有最棒的宝宝才能获得最多的微笑。"

☆心理疏导第二阶段☆

"小朋友们，今天老师给大家讲一个故事，名字叫《小猴子勇士》。在一片森林里，住着一群猴子，有一天，小猴子们举行比赛，看谁能摘下最高的树上的桃子。很多小猴子爬到一半就放弃了，因为下面站着的猴子都在说：'不行吧，这么高，一定不行，会有危险的。'而有一只小猴子丝毫不受别人议论的影响，一直爬到了最高点，摘下了最大的桃子。等下来大家才发现，这只小猴子由于耳聋，根本听不见声音。所以，小朋友们一旦有了自己的目标，就不要管别人的看法。无论别人说什么，你都还是你自己啊，是爸爸妈妈最爱的宝宝，是幼儿园里最乖的小朋友。"

通过心理疏导，要让宝宝知道，要勇敢做自己，不要太在意那些不重要的负面的言语。即使不被看好，也要坚强勇敢地走下去，因为路是自己选的，坚持下去才能看见开花结果。

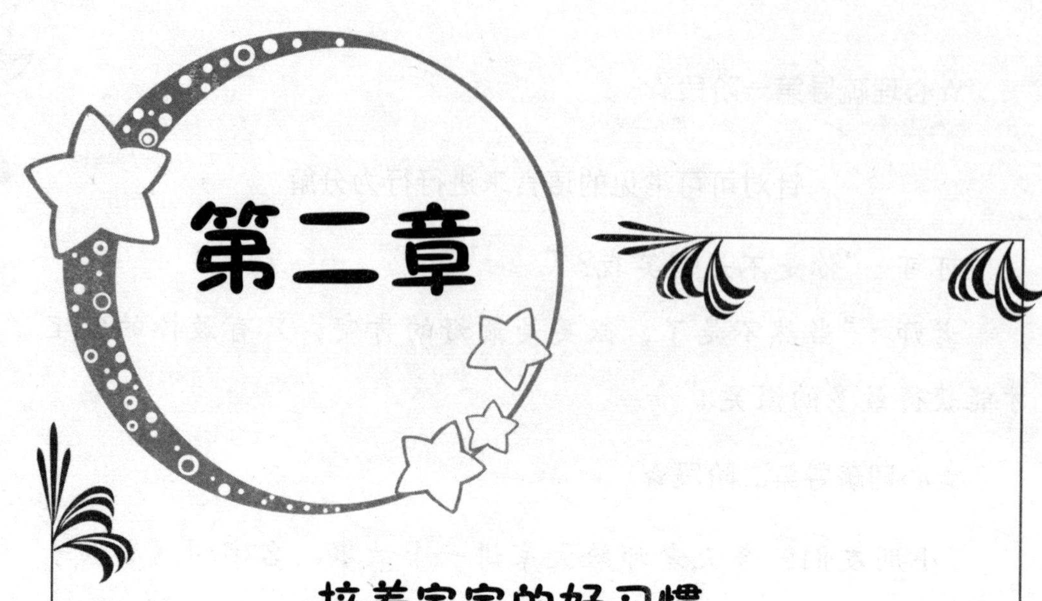

# 第二章

## 培养宝宝的好习惯

好的习惯可以陪伴孩子一生，也会让宝宝一生都受益。宝宝在生活中如果养成了不好的坏习惯，就需要老师从日常的每一个细小的表象入手，帮助宝宝培养好的习惯。

## 1.我把幼儿园的玩具带回家

### 老师的观察

思思在放学的时候，带走了幼儿园的玩具指偶，小心地藏在了衣服里。是思思妈妈发现后打电话告诉老师的。希望通过心理疏导，让思思意识到这件事情的重要性。

### 心理疏导实操

孩子将幼儿园的玩具拿回家会有几种原因：

（1）在幼儿园没玩够。

（2）在幼儿园没有机会玩，被其他小朋友拿在手里了。

（3）只是单纯的喜欢。

☆心理疏导第一天☆

思思，老师听说你昨天将小指偶带回家照顾了。老师真的很感谢思思能替老师分忧。可是呢，老师昨天晚上找不到它很担心，它的玩具朋友都担心地哭了呢。思思去和小指偶的玩具朋友们说一下，是你照顾了它一晚，让大家别担心了。

☆心理疏导第二天☆

今天老师大家讲一个讲的故事。小朋友都有家，家里有自己的爸爸妈妈。小燕子也有家,小燕子的家就在屋檐下。小鱼也有家，小鱼的家就在水里面。幼儿园的玩具也有家，它们的家就是幼儿园。有一天，小燕子对小鱼说："我喜欢你，你到我家去吧，不要再回你的家了。"小鱼说："我也喜欢你，但是我不能离开自己的家，家里还有爸爸妈妈呢，他们会担心的。"小朋友对幼儿园的玩具说："我家里有一个玩具屋，你到我的玩具屋里住吧。"玩具说："对不起，我可以到你家做客，但是不可以留在你家，因为我的家是幼儿园。"今天，每个小朋友都可以从幼儿园带一个自己喜欢的玩具回家，带着它参观你的家，认识你的爸爸妈妈。但是记得明天将它送回来哦。

通过心理疏导，思思明白了每个物品都有自己的位置，还和小朋友们一起完成了老师留下的任务，思思会很有成就感，而且印象会很深刻。

## 2.我把小朋友打哭了

### 老师的观察

淘淘是一个很有性格的小男孩，每天摆出一副小大人的模样，说一些很有担当的话。可是，这一天在自由活动的时候，淘淘打了同班的一个小男孩，而且还恶狠狠地说："你就是欠揍！"老师希望了解情况然后疏导淘淘的急脾气，不让淘淘养成爱打人的坏习惯。

### 心理疏导实操

通过老师的了解，淘淘那天和小朋友们一起在玩滑梯，可是有一个小朋友挡住滑梯不让大家下去，淘淘一看实在气不过，就动手打了那个小朋友。这个时候淘淘的内心应该是非常委屈的，因为明明是那个小朋友不对，到最后却变成了自己不对，而且那个小朋友还哭得很伤心，一时间所有人都认为他错了。

☆心理疏导第一阶段☆

和淘淘建立心理共鸣

“淘淘，是不是觉得有些委屈？明明是那个小朋友不乖，最后却变成了淘淘不对。”

淘淘眼泪汪汪地都快哭了，可是仍然在极力忍耐，默默地点了点头。

“淘淘你知道吗，虽然现在你也犯了错误，可是老师还是在和你讲道理啊，老师没有动手打人哦。其实老师明白淘淘的感觉。下次再遇到这样的事情，淘淘可以告诉他，滑梯就是按顺序玩的，不可以一个人坐在这里，或者说，我们来玩一个游戏，看谁滑得快！这样那个小宝宝就会下来了。”

“那他要是不听话呢？”

“那你可以来找老师，老师会批评他的。”

淘淘明白了，也很开心。

☆心理疏导第二阶段☆

学会担当

“淘淘，今天你打了那个小朋友，现在我们去用男子汉的方式和那个小朋友说一声对不起，然后我们依然做好朋友，好吗？要知道，你可是最勇敢的小男子汉啊，难道还怕说‘对不起’三个字吗？”

“当然不是，我现在就去。”

淘淘的心结打开了，同时也学会了一个解决问题的方法。小男子汉自然有小男子汉之间解决问题的方法，虽然淘气，但小朋友的感情不会变哦。

## 3.我咬人，但我不是坏宝宝

### 老师的观察

亮亮是刚刚转学过来的小朋友，刚刚到这个幼儿园，还不太适应。这一天亮亮在玩游戏的时候突然咬了旁边小朋友的手。小朋友哭了，亮亮吓得不敢出声。希望通过心理疏导，让亮亮不要这么情绪紧张。

### 心理疏导实操

刚刚转学的小宝宝还不适应幼儿园的新环境，会有精神紧张、情绪激动，或者精神萎靡、情绪低落两种表现。很显然，亮亮属于前者。亮亮现在有很强的戒备心理，所以消除亮亮心中的防备，并得到亮亮的认可才是最重要的。

☆心理疏导第一天☆

拉着亮亮单独参观幼儿园，让亮亮熟悉自己的学习环境，如果途中亮亮表现出对哪里比较感兴趣，一定要及时发现，并多做停留，让亮亮在这个新环境下找到安全感和归属感。

☆心理疏导第二天☆

小朋友们围成一个圈，将所有的玩具围在中间，小朋友们轮流过去挑选一个自己喜欢的玩具，并且说："哇，这是我找到的新朋友。"注意这个顺序，亮亮可以是中间偏前一点的顺序。也就是说，如果有20个小朋友，亮亮的顺序放在6、7名比较合适。

通过心理疏导，让亮亮找到归属感之后，打破亮亮的孤独感，帮助亮亮更好地融入集体。

## 4.我在幼儿园不太爱说话

### 老师的观察

布布性格并不内向，玩起来的时候很活泼。但是就是不爱说话，很多时候布布会选择用微笑或者不理人作为回答。希望通过心理疏导，让布布更喜欢语言表达，也更喜欢与人沟通。

## 心理疏导实操

通过和家长的沟通了解到，布布在家里并不是这样寡言少语的，只不过布布说话比较晚，大多数时候说话都是在自说自话，无人能懂。所以家人一般对布布说的话都不太在意。其实布布的“胡言乱语”正是一种语言机制建立的初级阶段。如果在这个时候得不到足够的回应，就会打击布布的积极性。所以这个心理疏导要家长和老师共同配合：无论是否能听懂布布说的话，一定要积极回应布布的话。

☆心理疏导第一阶段☆

背儿歌

让布布从简单的儿歌开始背起，从简单入手，宝宝的抵触情绪会少一些。老师要不断给布布鼓励，这样布布才会有继续背下去的动力。

☆心理疏导第二阶段☆

主动问好

老师可以带着布布到幼儿园门口和小朋友们打招呼，见到一个小朋友就说早上好。

☆心理疏导第三阶段☆

当布布可以主动开口打招呼之后，让布布和小朋友一起来完成这个任务，老师只是起到辅助的作用。一定要坚持到布布能够独立完成任务为止。

这个疏导过程很漫长，其中最重要的就是每次布布只要有一点小进步的时候，老师就要给予布布鼓励，同时家长要积极配合，多带着布布和别人打招呼，但是一定不能强求布布说话，否则会适得其反。

## 5.我，我，我一紧张就结巴

### 老师的观察

露露说话比较晚，平时在班里都是说话比较慢，语言表达能力没有其他小朋友那么流利。可是，最近露露请了几天假之后突然变结巴了。希望通过心理疏导让露露不再结巴。

宝宝结巴一般是由三种情绪导致的：紧张、焦虑、自卑。而无论是哪种原因，首先要了解露露是因为什么事情导致了情绪波动。

### 心理疏导实操

经过电话访问，老师了解了露露请假期间，和爸爸妈妈一起回了老家。老家的亲戚比较多，大家都过来逗露露，让露露说话，可是露露本来就说话不流利，这一下更急了，当场哭了起来。妈

妈还责备露露不懂礼貌。

☆心理疏导第一天☆

今天我们来查数，查老师一共拍了几下手。老师在拍手的时候一定要慢，让宝宝学会跟着节奏查数，更重要的是让露露的节奏慢下来。

☆心理疏导第二天☆

读儿歌，同样是慢慢地读，而且是读之前学过的。让露露从简单的朗诵开始。

☆心理疏导第三天☆

讲故事。小兔子很胆小，见到不熟悉的人从来都不敢大声说话。不过兔妈妈有办法，如果有人问我问题我却不知道怎么回答，就直接微笑着说："对不起，我还是小宝宝。"从此以后，大家都说小兔子懂礼貌，还说小兔子聪明呢。

对孩子的心理疏导是一个方面，老师和家长沟通也很重要，要让家长和老师是同一个步调，并且达成共识，这样同样的事情才不会再发生。

# 6.我在撒谎

## 老师的观察

吉豆豆4岁了，一直都是比较听话的宝宝，但是最近吉豆豆总是爱说谎。比如在和小朋友玩游戏的时候不小心摔倒了，她会说是粒粒推了她。吃饭的时候遇到不想吃的，吉豆豆会夹到妞妞的碗里，说妞妞想吃。希望通过心理疏导，让妞妞知道想象的事情也要有积极的一面。

## 心理疏导实操

其实吉豆豆的表现并不严重，这个年级的宝宝说谎是因为对事物的理解还不完整，头脑中很多场景都是片段化的。加之小宝宝的想象力已经很丰富了，只不过分不清什么是想象的，什么是现实的。而且宝宝的想象中，总是利己的。这是一种天性，并不能说明宝宝的品质问题。

☆心理疏导第一天☆

和吉豆豆一起说一次大话，随着她的想象力一起走。“吉豆豆，老师小时候见过比大象还大的苹果呢！你见过吗？”当老师的话和吉豆豆的想象世界接轨以后，沟通就会更加顺畅。

☆心理疏导第二天☆

引导宝宝积极向上的想象。“吉豆豆，你知道吗，我小时候见过一种花，会微笑，一直都是微笑的，大家都喜欢它。我还见过一片云彩，会下冰淇淋和棉花糖。”举很多现实生活中没有的例子，让宝宝有新奇感。

孩子的想象力是最宝贵的，在孩子因为想象而“说谎”时，一定不要批评孩子，这样孩子会以为这是一件坏的事情，从而逃避这个结果，导致孩子会习惯性编造谎言，将不好的事情推到别人身上。

## 7.我爱表现，不对吗

### 老师的观察

朵朵在集体活动中总是特别爱表现，每次都会抢着表现得像一个小大人。老师觉得这很好，可是朵朵的妈妈却说，朵朵在家里是个人来疯，客人越多越来劲。弄得她很没面子。希望通过心理疏导，让朵朵更加明白真正的表现好应该是什么样子。

## 心理疏导实操

宝宝爱表现并没有什么不好，这是宝宝积极的表现。而家里来客人时宝宝变成了“人来疯”是宝宝在用自己的方式招呼客人，同样是一颗真诚的心，只不过还没学会大人的方式和规则而已。现在只需要让朵朵知道，怎样表现才是更好的。

☆心理疏导第一天☆

学儿歌

乖宝宝，不哭闹，
客人来了微微笑。
大人说话不插嘴，
水果点心都带到。
客人进门说你好，
客人出门说再见。

☆心理疏导第二天☆

情景模拟

让小宝宝玩过家家的游戏，第一次过家家让朵朵当宝宝。第二次过家家的时候让朵朵当妈妈。老师可以设计一些场景，比如家长在和客人说话或者家长在打电话之类的，这样能强化规则。

孩子的爱表现行为并不需要制止，因为这样的孩子更加积极乐观，只是需要正确引导宝宝表现自己的方式方法即可。

# 8.我动不动就生气

## 老师的观察

静静有一句口头语，那就是："我生气啦！"这并不代表静静就真的生气了，但是这样的表达方式会给静静一种消极的心理暗示。所以希望通过心理疏导，让静静更加乐观。必要时也可以让静静换一个口头语。

## 心理疏导实操

静静无论遇到什么事情，都说一句"我生气啦"，这样的口头语并不像一个宝宝说出来的，应该是宝宝的模仿行为。所以要想改掉静静的习惯，就要给静静重新树立模仿的对象。这需要不断、高频次地重复，才能印象深刻到让静静忘记之前的口头语。

☆心理疏导第一天☆

"今天老师给每个小朋友都写了一封秘密的信，每个人都不一样，是老师和你们之间的小秘密。也是我们之间的暗号。就在你们的小书包里放着，明天上学的路上，一定要不断重复信上的内容，来到幼儿园就可以和老师对暗号了。”其他小朋友的“信”上可以写着积极向上的词语，但是静静的“信”上要写着：“这点小事，我不会在意的。”希望通过这种心理暗示，在静静心中埋下一颗种子。

☆心理疏导第二天☆

静静来到幼儿园之后，要继续强化这句话，不断加深这句话在静静心中的印象。并找到合适的场景，教静静正确运用这句话。

老师在给宝宝做心理疏导的时候，一定要记住和家长沟通，因为很多宝宝的口头语都是向家长学来的，所以要想改变一个孩子的习惯，首先要改变孩子所处的环境。

## 9.我不太敢和别人玩

### 老师的观察

落落刚上幼儿园，是一个非常胆小的宝宝，从来都不敢和其他小朋友一起玩，每次都是躲在一边。希望通过心理疏导，让落落尽快融入集体，学会与同龄人沟通。

## 心理疏导实操

通过电话家访，原来落落的爸爸妈妈工作都比较忙，落落一直由农村的奶奶照顾。奶奶刚刚来到城市，对周边的环境不太了解，所以很少带落落出门，而落落的爸爸妈妈也不放心老人一个人带着孩子出去，所以落落在上幼儿园之前，见过的几乎就是几个家人而已，偶尔有亲戚朋友聚会，会见到一些小朋友，但是也都是在妈妈的怀里坐着。

☆心理疏导第一阶段☆

带着落落一起看小朋友做游戏，在小朋友开心的时候，拉着落落的手一起挥舞着，让落落能够感受到情绪变化的表达方式。在小朋友们比赛扔皮球的时候，带着落落和获胜的小朋友击掌。感受落落细微的情绪变化。

☆心理疏导第二阶段☆

当落落有了想参与的意愿的时候，带着落落一起参与。但是如果落落中途退缩了，也不要强迫落落参加，要让落落有一个习惯的过程。

对于几乎没有接触过外面世界的宝宝来说，幼儿园是一个热闹到有些可怕的地方，孩子既会被环境氛围吸引，也会对这完全陌生的感觉吓倒。所以老师一定要细微观察宝宝的每一点反应。

## 10.我是一个特别害羞的女孩

### 老师的观察

妮妮是一个特别容易害羞的女孩，只要有人向她问问题，就会把自己的脸藏起来不敢看人。而家长为了锻炼妮妮，已经给妮妮报了几个课外兴趣班了，就是希望能够让妮妮外向一些。然而这样做好像并没有起到作用。希望通过心理疏导，让妮妮更自信一些。

### 心理疏导实操

其实儿童早期，害羞是一种天性，是在陌生环境下的自我保护。但是如果随着年龄增长并没有起色，会影响孩子以后融入社会的。而容易害羞的宝宝通常也比较听话乖巧，但是胆子小，不自信。所以，一定要让孩子自信起来。妮妮家长帮助妮妮报课外班是没有错的，只不过妮妮只有在熟悉的环境在才能不害羞，课外班中的老师和同学并不熟悉，所以最好是和几个熟悉的宝宝一起上兴趣班。

☆心理疏导第一阶段☆

鼓励。想让妮妮多说话，就要从让妮妮说话开始。可以让妮妮先从一个字的回答开始练习。比如：“今天的饭香不香？”妮妮通常会点头表示“香”，老师就要笑着逗妮妮：“你个小调皮，是不是在逗老师啊，老师怎么会知道点点头是什么意思呢？你快告诉我吧，咱们说悄悄话。”当妮妮开始习惯说悄悄话之后，就要逐渐鼓励妮妮大声说话。

☆心理疏导第二阶段☆

建立自信心。害羞的孩子都比较悲观，遇到事情先想到坏的一面。比如“如果我回答老师的问题，一定会声音很小，老师会听不清，我做不好。”而在这之前，老师要先打消妮妮的顾虑：“妮妮，你说给老师听啊，你的声音特别好听，老师特别喜欢听你说话。”这样的方式也不一定一次就成功，要让宝宝先建立信任感，再建立自信心。

和害羞的宝宝交流最忌讳的就是打击孩子的表现，比如：“大点声说啊，我根本听不见你的声音”之类的，要先保护好孩子的情绪，再寻求心理疏导的突破。

## 11.上课的时候坐不住呀

### 老师的观察

蜜宝是一个很好动的孩子，在上课的时候，经常会忍不住从自己的小凳子上站起来。注意力很难集中。有时候会被窗外的白云吸引，有时候会突然发现小小飞虫。希望通过心理疏导，让蜜宝能够更加遵守规则。

### 心理疏导实操

其实好动的孩子一般创造力都很强，只要适当引导，就能让蜜宝保持活泼好动的天性，而遵守规则需要循序渐进的引导，不能操之过急，也不能打击蜜宝的积极性。

☆心理疏导第一阶段☆

背儿歌

宝宝背书包，乖乖上学校

老师讲课了，小手背背好

不东张，不西望，老师夸我乖宝宝

宝宝上学校，从来不迟到

见了老师问问好，见到同学微微笑

上课不乱跑，下课不乱叫，老师夸我懂礼貌

☆心理疏导第二阶段☆

调整课堂的节奏，每隔五分钟让宝宝们站起来蹦蹦跳跳活动一会。然后时间逐渐增至 10 分钟、15 分钟，让宝宝有一个适应的阶段。

宝宝对规则的敬畏来自老师和家长的强调和行为方式。老师要经常和宝宝强调规则，而家长要带头遵守规则。公共场所不大声喧哗，上课不东张西望，买东西要排队……这些都是宝宝要知道的规则。一旦宝宝在遵守规则的时候受到了表扬和鼓励，就会更加有动力。

## 12.我喜欢模仿其他小朋友

### 老师的观察

媛媛特别喜欢模仿其他小朋友，模仿别人的需求、模仿别人的喜好，有时候会显得和小朋友很有默契，有时候却因为与同伴抢同一个玩具而发生争执。希望通过心理疏导，让媛媛能有自己的主见，不再单纯模仿他人。

### 心理疏导实操

小宝宝最初的所有技能都源自模仿，但是如果到了上幼儿园的年龄还是喜欢模仿别人，就是不爱动脑思考的表现。这样的宝宝一般都是家里人喜欢包办宝宝的一切事宜，导致宝宝不会主动思考，没有自己的主意，或者身边有大一点的哥哥姐姐比较强势，所以宝宝习惯了依附别人。无论哪一种情况，都一定要及时疏导。

☆心理疏导第一阶段☆

挑选自己最喜欢的卡片

老师准备好颜色各异、内容各异的教学卡片，让小朋友们挑选出最喜欢的一张，并说出自己的理由。但是要让媛媛来先挑选。媛媛往往仍习惯于模仿别人，这时老师要鼓励媛媛自己选择，增强媛媛的自信心。在媛媛说自己选择这张卡片的理由的时候，老师一定要先让媛媛自己说，先不给出引导式的启发，在媛媛自己说出一点内容的时候，老师来依附媛媛的意见，让媛媛感觉到是自己的意见启发了老师。

☆心理疏导第二阶段☆

宝宝的红毯秀

老师在教师中将桌椅摆成两排，中间的通道就是宝宝的展示台。要求每一个宝宝都要依次跳着舞走过来，但是每个人的舞蹈都不能一样，同样是让媛媛先来，并给予媛媛极大的肯定。

这个心理疏导过程是一个阶段性的，需要时间积累的过程，宝宝只有从内心真正肯定自己，才能真正成为一个有主见的人。而这个过程依然需要家长的配合和理解。如果环境不随着改变，宝宝的疏导过程会更加漫长。

# 13.突然不会自理了

## 老师的观察

沫沫请了几天假之后，回到幼儿园突然发现她生活不会自理了。吃饭需要老师喂，上厕所需要老师帮助脱裤子，甚至睡午觉的时候还要让老师拍拍她。而且即使老师已经在拍沫沫了，她依然不依不饶地不睡觉，还要让老师讲故事。仿佛几天之内，沫沫一下子回到了一年前的状态。希望通过心理疏导，让沫沫接受自己成长的事实。

## 心理疏导实操

通过老师的电话家访，得知沫沫的妈妈阶段性加班，忙碌了两个月，基本上没怎么照顾沫沫。而这几天，沫沫的妈妈休息，就顺便给沫沫请了假。为了弥补之前由于工作原因对沫沫的忽略，沫沫妈妈什么事情都亲力亲为，把沫沫当做一个小婴儿般照顾。沫沫这几天也的确很开心，只不过是习惯了撒娇，故意不自己动

手而已。

☆心理疏导第一天☆

加强对能自理宝宝的表扬。通常在能自理的班级里，老师已经对宝宝自理的表现习惯了，毕竟这是这个年龄段的宝宝必须具备的技能。而在这里又要重新强调，就是要给沫沫重新树立榜样的力量。沫沫撒娇的目的是为了得到老师的关注，而一旦发现能自理依然可以得到老师的关注后，自然就自己的事情自己做了。

☆心理疏导第二天☆

电话家访：老师需要和家长沟通清楚，沫沫现在对于“凡事妈妈帮助”的依赖性，已经像婴儿原来戒母乳一样了，一旦沫沫妈妈工作再繁忙起来，沫沫会像又戒了一遍母乳一样难以适应。所以希望沫沫妈妈能够恢复正常的亲子行为，在家里可以和沫沫一起动手做点什么，这样既能增进亲子之间的感情，还能增强沫沫的动手能力。只要有妈妈陪伴，沫沫的幸福感会同样高的。

其实老师在对幼儿进行犀利疏导的过程中，最大的阻碍是家长的不配合或者放任。所以及时的沟通是很有必要的。幼儿园只是孩子成长过程中的一个场景，更重要的成长场景依然是宝宝的原生家庭。

## 14.我就是急性子的宝宝

### 老师的观察

毛毛是一个急性子的宝宝，这一点不是老师给他的评价，而是毛毛自己给自己的定义。毛毛经常上完厕所把裤子提得乱七八糟就出来，老师问他怎么不提好就出来，毛毛回答说："我是急性子。"在自由活动时间，往往还没等老师说下课，毛毛就已经站起来准备走了，理由依然是"我是急性子"。希望通过心理疏导，能让毛毛扔掉自己的这个符号。

### 心理疏导实操

宝宝很少会自己给自己下定义，大多数听大人说的，自己才记住了，并且似乎是为了印证自己已经贴合这个标签的描述。这也是为什么家长一再强调宝宝不要成为什么样的人时，很多宝宝往往就成为这样的人。这是因为宝宝的思维深处对这个标签已经固化。所以家长一定不要随便给一个宝宝贴上负面的"标签"，

也尽量少提及负面的“标签”。

☆心理疏导第一阶段☆

摘掉标签

让毛毛重复一句话：“我是毛毛，快乐的毛毛，可爱的毛毛。我是毛毛，聪明的毛毛，懂事的毛毛。我是毛毛，认真的毛毛，认真的毛毛！”在毛毛重复了多次这句话之后，老师要给予毛毛大大的鼓励。这段话中，“认真的毛毛”提到了两次，也是老师想要给毛毛加的一个新标签，所以要稍微加深宝宝的印象。

☆心理疏导第二阶段☆

心理疏导第二阶段：重新添加标签。在上课和自由活动房的时间，要不断强调毛毛是一个认真的好宝宝。可以认真听课、认真穿衣服、认真上厕所。“毛毛，老师今天才发现，原来毛毛是这么认真的一个宝宝啊，老师真是为你感到自豪。”

在心理疏导之后，老师可以偶尔给毛毛留一些任务，加强毛毛对“认真”的这个标签的印象。每次毛毛完成任务的时候都要给毛毛奖励，可以是“认真小标兵”的称号。

## 15.穿鞋子事件

### 老师的观察

妙妙今天穿了一双新鞋子，非常漂亮。妙妙刚刚脱下这双新鞋子，换上室内鞋，乐乐就跑过来抢走了妙妙的鞋，并说："这是我的鞋子，我让妈妈买了给我的。"妙妙哭了起来，老师要求乐乐将鞋子还给妙妙，结果乐乐也哭了起来。而让老师意想不到的是，在自由活动环节，乐乐直接穿上了妙妙的新鞋去活动室，依然强调："我让妈妈买了给我的。"希望通过心理疏导，让乐乐明白，不是所有的东西都可以用钱来买的。

### 心理疏导实操

乐乐的行为虽然任性，但是又有自己的一套行为逻辑。乐乐认为只要妈妈花钱买了，这双鞋就是自己的了。而今天的心理疏导是弱化乐乐心中的金钱观念。并增强所属权意识。

☆心理疏导第一阶段☆

玩娃娃超市的游戏，一部分小朋友是超市的店员，负责“卖货”，老师带领其他小朋友是顾客。老师的任务就是要到乐乐那里买一些她根本不肯卖的东西。

老师：“你好啊，乐乐，请问你脚上这双漂亮的鞋子怎么卖？”

乐乐：“不是卖的，这是我的鞋，你要买的东西都在这边呢。”

老师：“可是我就是想买你的鞋子啊，如果不行的话，我能买你的小辫子吗？”

乐乐：“当然不行啦！”

老师：“那，老师发现。乐乐的小脸蛋好漂亮，卖给老师吧。”

乐乐：“哎呀，这些东西都是不卖的，是我自己的，你看看这些玩具有没有你喜欢的。”

☆心理疏导第二阶段☆

强调所属权意识。可以讲《小壁虎借尾巴》的故事。小壁虎的尾巴掉了，于是分别找黄牛、小猫、小兔子等动物借尾巴，结果，尾巴是每一个小动物自己的，不可以借给小壁虎的。结果小壁虎垂头丧气回到家之后，发现自己的新尾巴长出来了。原来自己的新尾巴虽然容易断，却也可以长出来，这样的尾巴最适合淘气的小壁虎啦！

强调别人的东西虽然好，但是还是自己的最适合自己，自己的物品也不会随随便便给别人。

## 16.哼！我就是叛逆！

### 老师的观察

皮皮是一个非常叛逆的宝宝，非常不听话，喜欢顶嘴、喜欢打断大人的话，还喜欢推倒小朋友堆起的积木，抢走小朋友的皮球，而且从来都不道歉。他不尊重大人也不听劝说，让人非常头疼。希望通过心理疏导，让皮皮能安静下来，听取别人的意见。

### 心理疏导实操

宝宝叛逆是一种自然的表现，却也是一种不成熟的表现。通常宝宝的叛逆是有阶段性的。但是如果皮皮无论是不是叛逆阶段都表现得很叛逆，就一定和家人的教育方式有关。是因为家长的态度过于强硬，所以导致皮皮“以暴制暴”，也很强硬。想要“治好”皮皮的叛逆 ，就必须先顺着皮皮来。让皮皮明白，不是所有人都在恶意反对他，老师是理解并且支持他的。疏导孩子的心理，一定要从孩子的对立面走出来，走到孩子的立场去看待问题。

思维方式达成共鸣了，才能得到宝宝的信任和理解。

☆心理疏导第一阶段☆

皮皮又推倒了小朋友搭好的积木，并且将小朋友的积木抢走，搭在了自己的积木城堡上。老师在安慰过被欺负的小朋友之后，要和皮皮谈心。

老师："皮皮，你今天搭的大城堡可真神气啊，就是积木不太够用，要不然一定会更好看。"

皮皮："嗯，我的积木不够，我就从丹丹那拿了。"

老师："嗯，没想到皮皮还这么有办法啊。这下皮皮的积木够了吗？"

皮皮："够了，还有剩的呢。"

老师："大家都觉得皮皮搭的城堡好看，但是怎么没有人来祝贺皮皮的城堡搭建成功呢？小朋友们，大家快过来看，这是皮皮搭好的城堡，多漂亮。"

小朋友们围成一团之后，老师继续说："这个城堡这么漂亮，还有丹丹的功劳呢，因为这里有一半的积木是从丹丹的城堡上拆下来的。所以这个荣誉是属于皮皮和丹丹两个人的，我们大家一起为皮皮和丹丹鼓掌。"通过心理疏导，让皮皮接受和别人分享荣誉，也更加能接受别人的意见。

☆心理疏导第二阶段☆

团体合作的游戏——接力赛。在接力赛中，每个小组的小朋友都是有联系的，但是联系得却不密切，因为需要一个人完成后

下一个人再继续。这样的游戏环节是为了让皮皮有参与感，却没有近距离接触的尴尬感，毕竟平时自己和其他小朋友相处得并不愉快。比赛结束后，奖励都是按照小组发放的。对于皮皮来说，又有了一种集体荣誉感。

当宝宝能够融入集体后，就说明宝宝身上的“刺”少了。这个过程很漫长，需要不断指引不断鼓励肯定。而一味批评只会让孩子越来越叛逆！

## 17.我就是喜欢乱涂乱画

### 老师的观察

岩岩是一个很活泼的宝宝，不过特别喜欢乱涂乱画。学校的书桌上，墙上都被岩岩涂鸦了。希望通过心理疏导，让岩岩到指定的地点画画，同时还不打击岩岩对色彩的敏感度和对绘画的热情。

### 心理疏导实操

宝宝喜欢画画是好事，绘画是宝宝探索世界的一种方式，也

是宝宝的情绪的表达方式。一个孩子的绘画充分体现了孩子的审美观点、情绪状态及性格特点。所以孩子画画不应该被制止的。而岩岩的错处就是不该到处乱画。所以只要给岩岩规定好画画的地点就可以了。

☆心理疏导第一天☆

"老师知道小朋友们都喜欢画画，老师这里有很多纸和笔，小朋友们一起来画画。我们只有将作品画在了纸上，老师才能帮大家粘贴在光荣榜上，因为如果你们画在了墙上，老师也不能把墙拆下来当做你的作品啊。所以啊，小朋友一定要记住，为了保护好我们的作品，一定要把画画在画纸上。这些纸是不限量的，小朋友画完一张如果还想画，可以到老师这里来拿。"

☆心理疏导第二天☆

将小朋友的作品全部粘贴在光荣榜上，让岩岩明白，画画应该在画纸上画，并且这样的作品更容易保存，还能受到奖励。老师在这个时候还要注意鼓励岩岩，让岩岩保持对画画浓厚的兴趣。

其实相对应幼儿园的干净整洁来说，孩子的天真和热情才是最重要的，所以当老师发现宝宝在幼儿园乱涂乱画的时候一定不能严厉批评，最好教育的方式都以引导为主！

## 18.洋娃娃被肢解

### 老师的观察

慧慧是一个乖巧听话的宝宝，每天都很懂礼貌，从来没有让老师格外操心过。但是这一天在室内活动环节，慧慧将幼儿园的洋娃娃肢解了。老师很吃惊，但是也迅速作出了反应。希望通过心理疏导，清除慧慧心底的阴暗面。

### 心理疏导实操

经过电话家访，老师了解到慧慧的爸爸妈妈平时的教育方式比较简单粗暴，基本上就是“你应该怎样做，你不应该怎样做，你应该听话”。而从来都没有耐心和慧慧讲清为什么要这么做，她究竟错在哪里。由于慧慧比较胆小，所以爸爸妈妈只要大声说话，慧慧就会言听计从，很少叛逆。而这次的洋娃娃肢解事件则表示，慧慧爸爸妈妈对她的教育方式一直都是慧慧抵触的，所以慧慧将所有的负面情绪都发泄在了一个洋娃娃身上。如果不及早

干预，对慧慧的成长是非常不利的。

☆心理疏导第一天☆

让慧慧自己做一回主

“今天这节课老师要带领小朋友唱儿歌，可是究竟应该唱什么儿歌，老师却没有了主意，所以我希望小朋友今天能帮助老师想想办法。”在提问的过程中，如果慧慧不主动发言，老师就要主动提问慧慧，然后遵照慧慧的意见来做。这样做是让慧慧有自己做决定的感觉，让这种阳光的感觉逐渐消除慧慧心底的阴暗面。

☆心理疏导第二天☆

发泄情绪

在组织小朋友们做游戏的时候，要带动并引领宝宝们的情绪发泄，在可以做兴奋尖叫的环节，一定要大声喊、笑出来，让宝宝们学会健康的宣泄的方式，也让宝宝能彻彻底底地放松。同时让慧慧在这样的环境之下，和大家一起宣泄自己的情绪。

性格内向的宝宝一般都会隐藏自己的情绪，所以平时很难观察出有什么异样情绪，所以老师一定要细致入微地观察宝宝的情绪波动，让孩子能有一个健康、阳光、乐观的童年时代。

## 19.抱着布娃娃去上学

### 老师的观察

西西在幼儿园的适应能力很强，但是对布娃娃有依赖，上幼儿园一定要抱着自己的布娃娃。这一天，西西的布娃娃忘带了，西西的妈妈也正想趁此机会让西西戒掉这个习惯，所以就没有给西西送过来。结果西西一上午都很焦虑。平时抱着娃娃的那只手一直乱动，不知道该放在哪里。希望通过心里疏导，让西西戒掉对布娃娃的依赖。

### 心理疏导实操

其实，布娃娃确实可以帮助宝宝在入学初期更好地适应幼儿园的环境。布娃娃对于孩子来说就像是一个伙伴，让宝宝不觉得这里是陌生的，让宝宝更加有安全感。然而无论是什么，过度依赖都不是好的现象。西西的表现说明离开那个布娃娃就会让自己陷入焦虑、紧张的情绪中。也就是说，离开了那个布娃娃，西西就失去了调节情绪的能力。所以，西西这个状态是需要及时的心理疏导的。

☆心理疏导第一阶段☆

抱抱西西，让她有安全感，直到西西的手不再乱动为止。因为此时西西的手一直乱动，就说明西西的心里是焦虑的，这时抱着西西要稍微紧一些，不是单纯地抱在手上，而是紧紧地搂在怀里。当西西的手不再乱动的时候，征求西西的意见，将西西放到地上，和老师手拉手。

☆心理疏导第二阶段☆

找到平时和西西关系最好的小朋友，让西西和她手拉手一起做游戏，当西西适应了布娃娃不在身边的情况时，会逐渐融入游戏中来。虽然在这个阶段西西仍然显得有些心不在焉，依旧有些焦虑，但是已经是不小的进步了。

这个心理疏导过程需要保持一个阶段，第一个星期是加强期，需要格外注意西西的心理变化。第二个星期是适应期，西西将逐渐适应并接受现状。第三个星期是预防反复期，老师仍然需要给西西足够的关注。第四个星期是巩固期。只要西西顺利经过考验，就一定会成功戒掉对洋娃娃的依赖性的。

## 20.我说脏话了

### 老师的观察

在幼儿园的自由活动环节中，露露说了很难听的脏话，小朋友们都不太明白是什么意思，但是露露很开心，觉得自己很厉害，说了一句小朋友们都不懂的话。当老师知道这件事情之后，第一时间做出的反应很重要。

### 心理疏导实操

宝宝说脏话一般都是无意中听到家长说的，这个时候如果家长做出很夸张的反应（无论是生气还是吃惊、甚至觉得好笑），都是不恰当的。家长的处理方式应该是弱化这件事情在孩子心中的印象。但是老师需要做的却和家长完全不同。老师需要弱化这件事情在其他小朋友心中的印象，却要让露露清清楚楚地知道这件事情是不对的。

☆心理疏导第一阶段☆

小朋友们，我们一起来玩皮球，看谁把皮球扔得更远。（用游戏来吸引小朋友的注意力。）然后悄悄拉住露露的手，将露露留下。

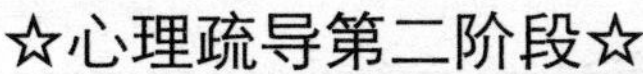

☆心理疏导第二阶段☆

“露露，现在是小朋友的游戏时间，但是这个时间你不可以和大家一起做游戏，这是对你刚刚说脏话的惩罚。”

☆心理疏导第三阶段☆

教小朋友说赞美的话，在小朋友们说赞美的话之后要展开新游戏环节，让小朋友们互相赞美，然后被赞美的小朋友要鞠躬说谢谢。这样的环节是为了让大家加深“赞美”的印象，同时也更加清楚，赞美他人能够得到怎样的回答。

对于宝宝说脏话，老师疏导的作用大于批评的作用，因为孩子什么时候笑得最开心，什么时候的记忆就最深刻。

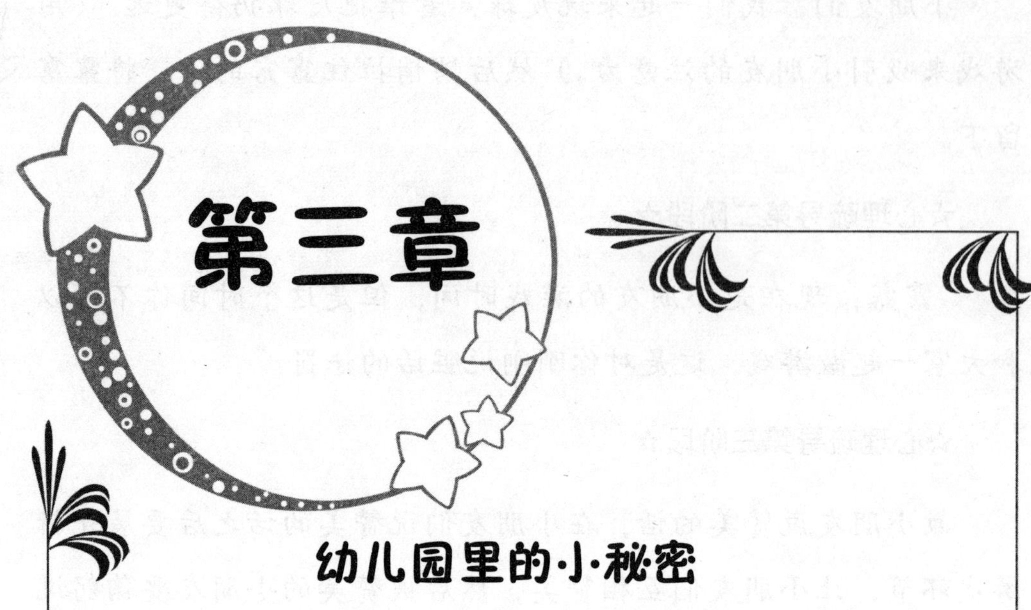

# 第三章

## 幼儿园里的小秘密

幼儿在家里的表现和在幼儿园里的表现是不同的，因为环境的变化孩子会调整自己的状态来适应。但是如果孩子没能调整好自己的状态，就会出现这样或那样的状况。这就需要老师的帮助。

# 1.我不要在幼儿园拉粑粑

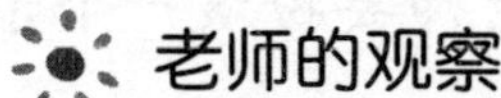

## 老师的观察

果果上幼儿园已经半年了，但是从来都没有在幼儿园排过大便。老师一直以为果果的生物钟比较规律，已经早上在家排完或者晚上回家排大便。但是这一天果果的妈妈有事，需要晚一个小时过来接果果回家。但是果果就在这一个小时里，将大便拉到了裤子里。果果不敢说，结果老师闻到了异味。果果显得很惊慌。

## 心理疏导实操

老师了解过之后，原来果果在幼儿园一直都在忍大便。回到家里再排大便就会又黑又干。而果果的妈妈也一直鼓励果果在幼儿园排大便，果果就是不肯，说拉臭臭怕熏到老师，怕老师不喜欢。其实这个年龄段的宝宝会用憋尿或憋大便来实现自己的自我掌控欲。但是果果的表现已经有了一些心理暗示的成分，似乎在果果的心里，在幼儿园排大便是一件不对的事情。经过电话访谈，老师了解到，果果平时在家里不乖的时候，奶奶就会用老师来吓唬果果："你再哭，我就告诉老师，老师就不喜欢你了。"这应该就是果果的心结。

☆心理疏导第一阶段☆

先和家长达成共识，让家长在家里不要用幼儿园老师来吓唬宝宝。然后老师再重新建立和宝宝之间彼此的信任。像果果这样后期重新建立信任的要比刚入园就建立起彼此的信任要难一些。因为在果果的心中已经有根深蒂固的印象了——老师好可怕，老师会不高兴。但是如果这个关系在重新建立的时候转变一下角色，就会相对容易一些。也就是说，从现在开始，老师要扮演一个示弱的角色，每天都需要果果的帮助。将果果打造成一个老师的守护神。这样给果果一个使命感，果果也就不再害怕老师了，而是每次看见老师的时候想到的是我应该怎样保护老师。

☆心理疏导第二阶段☆

和果果交流心事。老师可以假装要上大便，然后和果果说："果果你快帮帮我，老师想要拉粑粑，但是现在没有手纸了，你能帮老师找一些来吗？"等果果完成任务后，要对果果说："哇，拉完粑粑小肚子好舒服。这是我们的小秘密，千万要替我保密啊。下次你拉粑粑的时候也告诉我一下，拉钩钩。"

如果老师在重新和果果建立信任关系的时候，还是按照老师和学生的模式来建立信任关系，会很难进行下去，果果会由于害怕老师生气而"委曲求全"和老师做朋友，很难发自内心接受并认可这件事。所以有些事情如果能绕过这个"结"，会有更好的结果。

## 2.我希望老师一直抱着我

### 老师的观察

欢欢来幼儿园 1 个月了，由于适应幼儿园比较慢，所以这一个月期间，每天早上入园的时候老师都会抱着欢欢。欢欢现在对老师很依赖。但是这几天幼儿园里又来了新的小朋友。在适应的过程中，老师肯定会把更多的注意力给新来的小朋友。但是欢欢会很嫉妒，会一直伸手让老师抱着。两个老师加两个保育员要负责照顾 20 个小朋友的生活，如果她们都抱着宝宝，肯定是忙不过来的。希望通过心理疏导，让欢欢能有“学姐”的使命感。

### 心理疏导实操

其实欢欢的表现说明她还没有完全适应幼儿园的生活，因为没有彻底融入小朋友中去，所以才会对老师格外依赖。现在，老师就是欢欢的心理寄托。如果想打破这样的僵局，就要给欢欢找到一个新的“寄托”。

☆心理疏导第一天☆

让欢欢带着刚入园的宝宝一起参观幼儿园

“欢欢，你看见信赖的那个还在哭鼻子的宝宝了吗？他叫淘淘。他刚来到咱们幼儿园，不知道哪里有厕所，不知道哪里有玩具，不知道哪里有小床，还是得欢欢帮助他才可以。一会老师把淘淘带过来，然后欢欢领着淘淘在幼儿园转一转，好好教一教他，告诉他别哭了，这里有这么多小朋友、这么多玩具、这么多好吃的。对不对？”

欢欢很开心，自己有一个这样的使命。而且欢欢在淘淘面前有一种“这里我熟悉”的优越感，就把自己摆在了一个照顾淘淘的位置上。

☆心理疏导第二天☆

悄悄和欢欢诉诉苦

“欢欢，老师有一个小秘密要和你分享，你看新来的小朋友淘淘啊，饭吃得很少，老师抱他的时候觉得他好轻啊。不知道他什么时候能像欢欢这样适应幼儿园的生活、爱上幼儿园的生活。你还是要帮老师带一带他。这是我们的秘密哦！”

老师不停地和欢欢说悄悄话，就是让欢欢在心里觉得，即使老师没有抱着我，心也是和我在一起的。然后，只要欢欢在自己有了使命感和责任感，就会做得比之前还优秀！

## 3.老师，我不会自己吃饭

### 老师的观察

阳阳在家里吃饭的时候一直都是奶奶喂，所以来到幼儿园之后，不会自己吃饭，就一直坐在那里等着老师来喂。老师让阳阳自己先尝试着用勺子吃，阳阳却非常抵触，坚决不肯自己吃饭。希望通过心理疏导，让阳阳能够接受自己吃饭这件事。

### 心理疏导实操

有些宝宝在家里过于娇惯，会拒绝和年龄相匹配的成长。像3岁的宝宝自己吃饭、4岁的宝宝自己上厕所都是与年龄相匹配的成长。但是如果宝宝的一切大小事务都是家长来做的，那么这样的宝宝成长发育会比同龄的宝宝慢很多。让宝宝自己拿勺子吃饭是为了锻炼宝宝的手指精细动作，这有利于帮助宝宝开发大脑。所以，从现在开始让阳阳接受成长是一件很必要的事情。

☆心理疏导第一阶段☆

让阳阳自己做一件事情，然后得到满足感之后，阳阳就可以更加有自信来完成“成长任务”了。首先从脱鞋子开始，然后是脱袜子，继而是脱裤子。每次老师都要给阳阳极大的鼓励，让阳阳更加有自信。当阳阳逐渐接受了自己完成一些小的任务之后，就可以让阳阳学习自己吃饭了。

☆心理疏导第二阶段☆

和阳阳秘密建立起一个“积分制”。每当自己做了一件能自理的事情，可以积1分，自己吃饭可以积2分，每天积5分就可以获得一朵小红花，如果每天积10分，就可以获得光荣小奖状！

宝宝对于自理的事情逃避，不仅仅是撒娇的问题，这会耽误宝宝的心智成熟和身体发育的。每个宝宝都是要自己来成长的，所以，一旦发现自理能力特别差的宝宝，就要及时和家长沟通，帮助宝宝提升自理能力。

# 4.其实我并没有吃饱

## 老师的观察

牛牛是一个可爱的小胖墩，每次吃饭的时候都是第一个吃完的，每次老师都会表扬牛牛吃饭吃得真好。但是通过电话家访，老师得知牛牛每天晚上回家还要吃很多饭。原来，牛牛为了争做"第一个吃完饭的宝宝"，还没吃饱，就不吃了。希望通过心理疏导，让牛牛正确理解"乖宝宝"的含义，也让牛牛能够明白，吃得快不重要，吃得饱才重要。

## 心理疏导实操

小朋友爱表现是积极乐观、有上进心的表现。但是有时候往往掌握不好尺度。牛牛就属于一个典型的案例。而且大多数小朋友都会忍着一些事情而讨好老师，包括忍大便、装午睡等等。通过心理疏导，让宝宝学会正确地表达，也能够正确地理解老师的要求。

☆心理疏导第一阶段☆

## 学会正确的表达

“小花猫和小白兔是特别要好的好朋友，这一天，小花猫邀请小白兔到家里去做客，为了欢迎小白兔的到来，小花猫准备好了最丰盛的午餐：小鱼汤、清蒸鱼、红烧鱼。为了感谢小花猫的招待，小兔子也带来了自己认为最好的礼物：胡萝卜、白萝卜、红萝卜。到了开饭的时候，小兔子傻眼了，因为兔子是不吃鱼的。一开始，小兔子怕小花猫不高兴，所以没和小花猫说，忍着喝了一口小鱼汤。结果小兔子觉得好恶心好想吐啊。想了想，小兔子决定告诉小花猫真相：‘小花猫，实在对不起，我吃不了这个午饭，因为兔子只吃青菜和萝卜，你不会生我的气吧？’小花猫说：‘怎么会呢，我怎么会生气呢，是我没有照顾好你，你别生气。可是猫咪不吃青菜和萝卜，所以我家里没有，怎么办呢？’小兔子说：‘我有办法！快打开我送给你的礼物盒子！那里全都是萝卜！’小花猫哈哈大笑，说：‘我为你准备了你不吃的小鱼，你为我准备了我不吃的萝卜，咱们实在是太好笑了。’说着，两个好朋友笑得前仰后合。小白兔说：‘原来，把自己心里的想法告诉好朋友是这么开心啊。”

这个故事告诉我们，好朋友之间一定要互相坦诚，有什么心里话一定要对朋友说出来。老师最想成为小朋友的朋友了，能不能请大家做我的好朋友呢？以后有心里话一定要告诉老师，然后咱们也像小花猫和小白兔那样，凑在一起哈哈大笑！好不好？”

“好！”

☆心理疏导第二阶段☆

正确理解老师的要求。老师已经表达过自己要和小朋友们做好朋友了，接下来就可以明确说出自己对小朋友的要求。比如：吃饭，一定要吃饱哦；有大便，一定要和我这个好朋友说哦。这样我们才能更加快乐地在一起做游戏。

这样的心理疏导需要在不断观察宝宝的过程中进行，有没有进步，有没有大胆向老师提出过请求。如果有，一定要及时给予宝宝鼓励，增强宝宝的自信心。

## 5.一到幼儿园就吃手指

### 老师的观察

凡凡已经4岁了，却有一个不好的习惯，那就是吃手指。老师和凡凡的妈妈沟通后，发现凡凡在家里的时候曾经吃过手指，那是在断奶之后，大概持续了半年左右才戒掉。现在凡凡在家里也不吃手指，凡凡妈妈也没想到凡凡到了幼儿园会吃手指。希望通过心理疏导，找到凡凡吃手指的真正原因，并帮助凡凡及时改正。

## 心理疏导实操

小朋友在家里已经戒掉了吃手指的习惯，却在幼儿园里又犯了“老毛病”，通常都是心理焦虑造成的。而心理疏导的重点是帮助凡凡真正适应并且融入幼儿园。而凡凡的焦虑一方面是来自和妈妈的分别，一方面来自幼儿园的环境。老师的疏导只能是让凡凡适应幼儿园的环境，尽量适应和妈妈的分别。

☆心理疏导第一阶段☆

给宝宝小希望。凡凡心理焦虑的原因是和妈妈的分别，而一旦凡凡陷入了这种焦虑之中，就会不停地扩大这件事情在自己心里的影响力度。比如一直想着：“不知道什么时候才能见到妈妈，上学的时间怎么那么长。”而疏导的方式就是帮助宝宝划分时间段。比如说：“呀，吃过早饭了，再吃两顿饭就能见到妈妈了！好开心！”时间的“进度条”每向前走一下，就要和凡凡一起庆祝一下。让凡凡习惯看着“希望”度过,而不是看着“失望”度过。

☆心理疏导第二阶段☆

让凡凡真正爱上幼儿园。想让凡凡从心里认同幼儿园，就要让凡凡在幼儿园找到归属感，要在幼儿园贴上属于凡凡的标签。悄悄帮凡凡做几张小纸条，上面写着“凡凡家”，并告诉凡凡:“这个凡凡家的小标签，老师就偷偷帮你贴在小凳子下面、小桌子下面、小床下面。这就是凡凡自己的领地了，这也是老师和凡凡之间的小秘密。”

通过心理疏导，一方面让凡凡积极乐观看待上幼儿园这件事，

一方面让凡凡在幼儿园找到归属感，而当心理的问题解决之后，凡凡吃手指的问题就迎刃而解了。

## 6.我不敢唱歌跳舞

### 老师的观察

蕾蕾每天在背儿歌、背古诗的时候，表现都特别好。但是每次在老师组织小朋友唱歌跳舞的时候，蕾蕾从来都不参与。即使蕾蕾已经参加了正规的舞蹈班培训，有很好的舞蹈基础，但每次老师要求蕾蕾一起唱歌的时候，蕾蕾要么就是声音特别小，要么就是偷偷低下头。希望通过心理疏导，能让蕾蕾更加自信地表演。

### 心理疏导实操

蕾蕾作为一个有舞蹈功底的宝宝，却拒绝参加幼儿园的集体舞蹈，一方面是由于自尊心太强，怕自己表现得不够好被老师和同学们嘲笑，怕自己不是最棒的那一个。总之，蕾蕾属于得失心很重的宝宝。本次心理疏导的重点是让蕾蕾正确看待荣誉感，并把幼儿园的唱歌和舞蹈当做一个游戏，而不是真正的表演。

☆心理疏导第一阶段☆

改编古诗

既然蕾蕾可以很自信地背古诗，就索性在背古诗的环节中加入舞蹈动作。这样的表演对于蕾蕾来说不算真正的舞蹈。然后在蕾蕾做动作的时候给予蕾蕾极大的鼓励和赞赏，并让蕾蕾来给大家做示范。如果有小朋友做得动作不标准，蕾蕾可以上前去帮助调整动作。让荣誉感和使命感“拉着”蕾蕾融入这个集体。

☆心理疏导第二阶段☆

改编“舞蹈”

既然蕾蕾擅长舞蹈，却不敢表现自己的舞蹈，那么老师就先把舞蹈称为“早操”，带着大家学习一种新的“早操”，当蕾蕾熟悉掌握了“早操”的动作之后，可以鼓励蕾蕾说：“蕾蕾这么厉害，把早操的动作做得像舞蹈一样漂亮，原来蕾蕾舞蹈跳得这么棒，和其他小朋友一样好！老师今天才看到，所以觉得非常开心。”

需要注意的是，蕾蕾本身就是一个得失心很重的宝宝，所以在心理疏导的过程中一定要掌握一个尺度，那就是不能夸奖蕾蕾是最棒的，以免蕾蕾以后自尊心越来越重。要说蕾蕾和其他小朋友一样棒，让蕾蕾有足够的自信融入集体即可。而一味地说哪个宝宝是最棒的，只会让宝宝的心理压力越来越大。

## 7.妈妈，老师今天批评我了

### 老师的观察

轩轩今天在幼儿园犯了一个错误，他吃饱后，把碗里剩下的饭菜全都倒在桌子上了，老师批评了轩轩。轩轩气呼呼地接受了批评。在此之后，老师立刻和轩轩的妈妈取得了沟通，让轩轩妈妈晚上回去的时候观察一下轩轩的情绪。

### 心理疏导实操

小朋友在幼儿园受到批评的时候，会有两种反应。一种反应是接受批评，但是不会立刻主动提起这件事，通常会在这件事情过了几天之后无意间说起。这种反应的宝宝通常是知道自己做错了，并且接受批评，被批评时的小郁闷也已经自己调遣得差不多了。还有一种反应是会回家立刻倾诉自己的委屈，这样的宝宝是内心还没有认识到自己做错了，而且有委屈情绪。所以要提前做心理疏导。

☆心理疏导第一天☆

“轩轩，老师刚刚批评你，你生气了是吗？你知道吗？一个馒头要经历春夏秋三个季节才能获得的。冬天，农民伯伯在田野里播下种子，春天麦穗就长出来了，到了夏天，农民伯伯就收割成熟的麦子，然后送到工厂加工成面粉。做饭的阿姨要忙碌几个小时才能蒸好一锅馒头，保洁员阿姨还要负责帮小朋友们洗碗、擦桌子。这中间有好多人的劳动成果，如果你把饭菜浪费了，就是在浪费农民伯伯和做饭阿姨的劳动成果。如果你又将饭菜倒在桌子上，就是在浪费保洁员阿姨的劳动成果，大家会伤心的。你想想，如果轩轩辛辛苦苦搭好的城堡被推倒了，或者轩轩辛辛苦苦画成的画被撕坏了，轩轩也会很伤心对不对？因为我们都不希望自己的劳动成果被浪费或者破坏。”

☆心理疏导第二天☆

询问轩轩的妈妈，轩轩今天来幼儿园的路上有没有抵触情绪，和之前有没有什么大的区别。如果轩轩在来幼儿园的路上有抵触情绪，就是还需要继续做心理梳理。

小朋友在幼儿园受到批评是很正常的事情，因为老师需要及时指出宝宝做得不正确的地方并引导其改正。而一味受到表扬的宝宝心理会更加脆弱，长大后会因为一点小事而内心崩溃。

## 8.幼儿园的小竞赛输了

### 老师的观察

今天幼儿园举行了运动会，早早的运动项目是“钻障碍”，也就是在泡沫条搭建的拱门中钻过去，并快速跑到终点。早早在钻障碍的过程中被泡沫条缠住了，所以耽误了好长时间，等早早钻出拱门的时候，隔壁班小朋友已经跑到了终点。早早输了比赛，非常沮丧。希望通过心理疏导让早早不要在意比赛的输赢，要愉快地感受活动中的乐趣。

### 心理疏导实操

早早属于自尊心很强、爱面子的宝宝，所以很在意比赛的输赢。早早觉得自己在很多人面前没面子了，非常不开心，一直强忍着泪水。而幼儿园的比赛是参与更重要，所以给每一个参与比赛的宝宝都设立了奖项。但是这一点并不能让早早开心起来。

☆心理疏导第一阶段☆

"早早，你知道吗？你刚刚闯过了一个大难关，所有的小朋友都没有难关，只有你才有，并且战胜了它，所以在这一点上你是最棒的。而隔壁班的诺诺是因为没有难关，但是跑得很快，所以在这一点上诺诺是最棒的。你想想，如果你拿了两个最棒的奖项，那诺诺得多伤心啊，你希望诺诺伤心吗？"

早早说："我不希望诺诺伤心，我希望我和诺诺都很开心。"

老师说："对呀，正是因为有两个奖项，然后你只拿了其中一个，才让诺诺有机会得到了另外一个奖项，这样你们才都成为了最棒的宝宝。而且早早的经历是最独特的，其他人都没有。现在你既收获了一张奖状，又收获了一次难忘的经历，这才是最重要的。"

☆心理疏导第二阶段☆

"今天所有的宝宝都是最棒的，因为你们都参加了比赛。老师为你们每一个人感到骄傲和自豪，所以为每一个小宝宝都颁发一朵小红花。下一次运动会时，老师希望能够看见你们更加优秀地参加比赛。所以在下一次比赛前，大家要好好吃饭、好好睡觉，长高高的，健健康康的才行，大家能做到吗？"

通过心理疏导，让早早明白比赛过程比结果更重要，同时学会用不同的角度看待问题，这是孩子成长的必经之路，愿每一个宝宝都能成长为一个爱笑的天使。

## 9.我就是不愿意分享

### 老师的观察

叶叶是一个占有欲很强的宝宝，从来不愿意和小朋友一起分享。每次玩积木，叶叶都会想着拿其他小朋友的积木，却不肯分享自己手中的积木。希望通过心理疏导，让叶叶在有所主权意识的同时，也能感受到分享给自己带来的乐趣。

### 心理疏导实操

3 岁以前的孩子不愿意分享，一般是自己的主权意识觉醒，是一件好事情。而 4 岁以上的宝宝不愿意分享主要有以下两种原因：一种是因为成人教育孩子不当，导致孩子的分享意识被误导。有的大人提出要分享孩子的东西，如果孩子不答应，就佯装争抢，孩子被吓着了，以后更不愿意与人分享；也有的孩子爽快地答应分享之后，大人马上说："我逗你玩呢，我不要。"孩子就误以为这只是一个游戏而已。还有一种原因是在家里家长都围着孩子转，家里有什么好吃的东西都给孩子一个人留着，孩子分享的机会很少，而且会认为所有的好东西都应该是自己的。

☆心理疏导第一阶段☆

正面引导，但不苛求宝宝分享。宝宝自己的物品本来就是应该由宝宝自己做主，喜欢分享就与人分享，不喜欢就不分享。这是很正确的主权意识。所以分享本来就不应该强求的。不过幼儿园里的玩具是公共的，人人都可以玩，所以要让宝宝遵守幼儿园的秩序：比如滑梯轮流玩。而像积木这样的玩具，如果叶叶不愿意分享，那其他小朋友也不会与叶叶分享。当叶叶完全理解“交换”的意义后，就可以理解分享的乐趣了。在相当长的一段时间，孩子处在慷慨与吝啬、大方与小气共存的状况，所以一定要根据宝宝自身的意愿来让宝宝分享。

☆心理疏导第二阶段☆

尊重和倾听孩子分享的意愿。分享对孩子来说是个很难理解的观念，分享会给他带来不舍、犹豫、酸楚、挣扎、忍耐、克制和坚持等复杂情绪，给自己所带来的快乐与满足却姗姗来迟，甚至孩子根本不知道后期带来的快乐和满足感是因为自己的分享带来的，这两者之间，宝宝短时间内还联系不到一起去。当看到别人分享他的东西所产生的愉悦时，他担心自己不再是物品的主人。更关键的是，孩子正在发展所有权意识，通过对物品的掌控权和操作自由来体会自我的力量，3 岁以下的孩子甚至认为别人的东西自己喜欢也应该属于自己，所以他有可能随意就拿走、争抢别人的东西。所以在要求孩子分享之前，要使他有足够的时间欣赏、玩弄自己的玩具，维护孩子的所有权意识，物权和所有权作为孩子自我意识的一个部分，是通向分享的必经之路。

分享是一个大话题，真正的分享是愿意与人分享自己喜欢的东西；即使自己不富余也能拿出来分享；是心甘情愿的、主动的分享；分享之后自己感到快乐，而不是舍不得；不但愿意与人分享物质，也愿意与人分享欢乐、幸福、好处、机会和爱；分享不分对象，能够一视同仁；分享成为一种行为习惯，不是偶尔为之。

## 10.不敢和陌生人说话

### 老师的观察

不少家长发现，自己的孩子在家时就像个小“话唠”，但是一出门，或者是家里来了客人后，宝宝就显得很害羞很内向。小小就是这样的宝宝．幼儿园的外教不是每天都来上课，小小对外教不是很熟悉，所以上英语课的时侯喜欢躲在后面。希望通过心理疏导让宝宝在安全的环境下能更加活泼一些。而所谓的安全的环境是指在家长或者老师在场的情况下，勇敢地和陌生人说话。

## 心理疏导实操

宝宝的性格中有的天生就是“慢热型”的，有的宝宝天生就是“自来熟”，一点也不怯生；还有一方面也跟家庭的养育方式有关，比如说，如果家里开了一间个体小商店，每天人来人往的，这样的宝宝就会很习惯和陌生人接触。而家里亲戚朋友比较少，社交圈子比较窄的宝宝，很少接触家人以外的人，家人之间建立起来的安全感让宝宝能很放松地展现自己，但在陌生的环境下，就会因缺乏安全感而退缩。

☆心理疏导第一阶段☆

了解并理解小小的个性，不给小小施加压力。每天带着小小在小朋友入园的时间到门口和小朋友们打招呼，老师只管自己打招呼即可，为小小做一个榜样，即使小小没有和老师一起说，但是老师的行为已经在逐渐影响小小了。

☆心理疏导第二阶段☆

在老师带着小小和小朋友打招呼的过程中，一旦小小开口说话了，老师一定要及时鼓励小小。然后在小小逐渐适应的时候，让小小独自完成这个小任务。

需要注意的是，无论什么时候，千万不要给宝宝加标签。比如在孩子不回答问题的时候，就说:“这孩子在生人面前就是这样，比较怕羞。”这表面上是给孩子解围了，实际上是给了孩子一种消极的暗示，让他更加不喜欢在生人面前说话了。老师需要做的是多给予鼓励，及时地表扬他，以增强宝宝的自信心。

## 11.天哪，我害怕男老师

### 老师的观察

欢欢刚刚上幼儿园，一见到男老师就会哭。老师希望通过心理疏导，让欢欢不再胆小，尤其是不再害怕男性老师。

### 心理疏导实操

通过老师的了解，欢欢家里平时都是奶奶和妈妈在家，爸爸经常加班，有时候回到家之后欢欢都已经睡了，所以欢欢的成长环境中男性角色过少。而且欢欢爸爸平时喜欢用胡子扎欢欢，欢欢经常觉得爸爸在欺负自己，所以在潜意识中有些排斥男性。其实这只是其中一个因素，婴儿生来就会害怕很响的声音，男性的嗓音一般都比较粗犷，所以小宝宝一般都不太喜欢男性。但是欢欢已经 2 岁半了，还有这样的状况，说明欢欢平时外出的机会太少了，接触的人也比较少。

☆心理疏导第一阶段☆

带欢欢认识更多的伙伴

可以带欢欢一起迎接宝宝入园，也可以一起送宝宝出园。早上的早操时间也是很好的机会。

☆心理疏导第二阶段☆

带欢欢熟悉男老师

在欢欢能够接受和陌生小朋友打招呼甚至一起玩耍之后，老师可以逐渐带欢欢熟悉男老师了。可以邀请男老师来给小朋友上一节课。由于身边有小伙伴们在，欢欢会觉得有安全感。而男老师给孩子们上课并不是和欢欢一对一交流，这样也能降低欢欢的紧张感。

宝宝怕见生人通常就是和外界接触太少了，所以无论宝宝表现出哪一种的怯场情绪，老师都要及时帮助宝宝疏导，让宝宝更有安全感。

## 12.转学生的生日派对

### 老师的观察

优宝是刚刚转学过来的宝宝，还没有完全融入环境，不太喜欢和大家交流。不过优宝马上就要过生日了，老师决定帮优宝举办一个盛大的生日派对，让优宝热热闹闹、开开心心地融入集体。

### 心理疏导实操

优宝刚刚转学，很多方面都会有不适应的。如果能有一场专门为优宝准备的生日派对，优宝会在这一天和小朋友们成为好朋友，一起分享蛋糕，一起唱生日歌，这些都会成为优宝和小朋友们共同的记忆。

☆心理疏导第一阶段☆

准备好气球、彩带、生日蛋糕和水果，布置生日派对的现场。

☆心理疏导第二阶段☆

在生日派对的现场，要让每一个宝宝都和优宝说一声生日快乐，这样一对一的交流能加深大家在优宝心中的印象。

需要注意的是，老师分蛋糕的时候一定要带着优宝一起，让每一个小朋友都能说一句谢谢优宝，这样的成就感和荣誉感会让优宝更加有归属感。

## 13.我不是不懂礼貌

### 老师的观察

蓝朵是一个很乖巧的宝宝，但是蓝朵从来都不和别人打招呼。老师和蓝朵说早上好，蓝朵从来都不回应，只是怯怯地看着老师，然后腼腆地笑一下。老师帮助蓝朵开门，蓝朵也不说谢谢，但是仍然会怯怯地看着老师。老师看得出，蓝朵是知道在什么情况下应该怎么表达的，只不过自己太害羞了，说不出口。

### 心理疏导实操

蓝朵不是一个没礼貌的宝宝，只是不敢开口。这种情况有可能是家长无意间的行为造成的。因为蓝朵本身是一个比较内向的宝宝，当家长的强迫宝宝和陌生人说谢谢或者再见等礼貌用语的时候，如果蓝朵没有照做，家长一句“这孩子怎么这么没礼貌”就可以深深伤害宝宝的内心，还会给孩子加一个“没礼貌”的标签。

☆心理疏导第一天☆

带着蓝朵照镜子，对着镜子做鬼脸、做笑脸、做哭脸，然后老师要说：“还是微笑的蓝朵最可爱，所以以后蓝朵不想说话的时候就可以微笑，因为蓝朵笑起来像一朵花一样美。”

☆心理疏导第二天☆

把礼物送给镜子里的蓝朵

“蓝朵你看，你把礼物送给她，结果她也有一模一样的礼物送给你。那如果你说谢谢，他会回答什么呢？”蓝朵对着镜子大声喊：“谢谢！老师他怎么不说话啊，光张嘴没有声音。”“没关系的，虽然镜子里的蓝朵没发出声音，但是看他的嘴型说的就是谢谢啊！原来只要你对别人有礼貌，别人也会有礼貌的回应你，真神奇。我们去试试和真正的小朋友说礼貌用语，会有怎么样的反应吧。”

就这样，蓝朵从之前照镜子说谢谢，到现在可以随时说谢谢了，因为她在期待，自己说完之后的回应。

## 14.怎么叫都不理人

### 老师的观察

贝贝和小朋友玩的时候是一个很开朗很活泼的宝宝，但是贝贝一个人玩的时候会非常安静，经常老师叫贝贝好多次，贝贝都不理会。贝贝妈妈说，贝贝在家里经常这样，自己玩起来的时候真的就像听不见别人说话一样。有时候贝贝爸爸会很生气，他觉得贝贝不回应别人是非常不礼貌的行为。但是老师认为，这件事情上，贝贝并没有做错。

### 心理疏导实操

贝贝在和别人正常互动的时候是一个非常活跃的宝宝，为什么自己一个人玩起来就开始不理人了呢？那是因为贝贝是一个非常有专注力的宝宝。他在自己玩游戏的时候是可以听到外界的声音的，但是孩子的世界里还分不出太多的精力来思考“我是不是要回应”。贝贝再大一些就会好。

这个案例不需要对贝贝做心理疏导，只要在贝贝进入听课状态的时候，和贝贝强调一下沟通的规则即可。比如，别人叫你的时候要回应，这是礼貌。这样，当贝贝长大一些，心理发育成熟到可以在极度专注的条件下抽出精力回应他人的时候，自然就好了。

成人用自己的标准来要求孩子，本身就是不对的，所以老师看待孩子的行为方式，只要符合儿童心理发育的标准即可，不必十分教条地区分对与错。

## 15.我就是嫉妒别人比我强

### 老师的观察

今天幼儿园布置家庭作业，是给小熊填颜色。乐乐填的颜色非常丰富，还在空白处画了好多花。乐乐说小熊爱吃蜂蜜，有花了，蜜蜂就会过来帮小熊酿蜂蜜了。老师听了非常开心，夸奖乐乐画得好。玲玲听见了，非常不开心，动手撕坏了乐乐的作品。老师希望通过心理疏导让玲玲建立正确的竞争意识。

## 心理疏导实操

缺少自信的孩子更容易产生嫉妒。如果家长常对宝宝说他在什么方面不如某某，宝宝就会以为家长喜欢别人而不爱自己，由不服气而产生嫉妒。如果孩子能力较强，经常得到肯定而形成一种“惯性”，这时一旦在某些方面不如别的小朋友，就容易产生嫉妒。

☆心理疏导第一阶段☆

建立团结友爱、互相尊重的环境气氛，这是预防和纠正孩子嫉妒心理的重要基础。同时要正确评价孩子。如果表扬不当或表扬过度，就会使孩子骄傲，进而看不起别人；而如果没有受到表扬，就会难以接受。

☆心理疏导第二阶段☆

引导孩子树立正确的竞争意识。有嫉妒心理的孩子一般都有争强好胜的性格。老师要引导和教育孩子用自己的努力和实际能力去同别人相比，不能用不当、不光彩的手段去获取竞争的胜利，这样才能把孩子的好胜心引向积极的方向。同时，要让孩子明白，有时候过程比结果更重要。

本次疏导，家人的参与非常重要，家长要经常用行为和语言，给予孩子足够、明显的爱。比如，每晚睡前拥抱孩子，在孩子耳边说：“我爱你，宝贝！晚安！”或者在孩子需要鼓励的时候，送上温暖的拥抱，告诉孩子：“我们相信你！”这对帮助孩子树

立自信非常有帮助。

## 16.老师，我是后进生吗

### 老师的观察

图图上课的时候，总是记不住当天讲过的内容。儿歌学得很慢，查数也很慢。图图现在越来越沮丧了，几乎丧失了对学习的兴趣。希望通过心理疏导，让图图不要太沮丧，也希望图图每天都能看见自己的进步。

### 心理疏导实操

孩子在上幼儿园的时候学习能力差，其实是理解能力还没有发育太成熟，有些逻辑思维都是碎片化的，无法联系到一起。孩子稍微大一些就好了。所以，幼儿园期间没有必要关注宝宝的“成绩”，反而应该关注宝宝今天和昨天比较有哪些进步。而图图需要疏导的是自己的挫败感。

☆心理疏导第一天☆

学儿歌

背儿歌的时候，小朋友们全都背下来了，只有图图，只记得两句，后面的其实也记得，只不过顺序完全对不上。老师夸奖图图说："图图昨天还没学会这首儿歌呢，今天居然就会背诵一部分了，这说明图图今天比昨天进步了很多！"图图听到后，很吃惊，原来自己今天这么厉害。

☆心理疏导第二天☆

数字

查宝宝学数数的时候，小朋友们都已经能数到30了，图图只能数到12，所以老师给图图的任务是记住12后面就是13．一旦图图记住了，就要及时夸奖并鼓励图图，真的好棒，今天又比昨天厉害了呢。

小宝宝对于有些知识还不能完全消化吸收，所以千万不要在这个时候就打消了宝宝学习的积极性，这个时候的宝宝，就是要在玩乐中成长。

## 17.我不要写作业

### 老师的观察

苗苗上中班了，老师会留一些简单的家庭作业，一是可以锻炼宝宝的手指发育，二来是可以增进亲子关系。但是苗苗特别不爱写作业，每次都交不上来完整的作业。有时候苗苗会因为作业没有完成而不想上幼儿园。希望通过心理疏导，让宝宝爱上学习。

### 心理疏导实操

幼儿园的家庭作业不会繁重，都是寓教于乐的。如果宝宝不喜欢家庭作业，一定是在学习的过程中遇到了困难。所以做心理疏导还要从课堂开始。

☆心理疏导第一天☆

布置家庭作业，给小熊猫画衣服。将打印好的小熊猫线条图画发给宝宝，让宝宝回家填颜色。

☆心理疏导第二天☆

昨天的图画作业是要给小熊猫画衣服。小朋友们应该都选择自己最喜欢的颜色给小熊画衣服了。

“苗苗，你给小熊猫画了什么颜色的衣服呢？”

“我给小熊猫画红色的衣服蓝色的鞋子，可是我还想给小熊猫画紫色的皮肤。”

“好啊，那一定是非常美丽的小熊猫了。”

“可是妈妈说小熊猫都是白色的。”

“没关系的，苗苗，我们现在不是在动物园，小宝宝画画的时候可以随便画颜色的，只要你觉得漂亮就行。云朵可以是粉红色、树叶可以是红色、大象可以是彩色条纹的。这些苗苗也知道不是真的，但是这都是苗苗的想象力。老师觉得，如果我能见到一只紫色皮肤的大熊猫，那一定是一件特别神奇的事情。”

对于宝宝的学习认知，是有一个循序渐进的过程的。每个宝宝的思维方式都不一样，所以教育的准则就是因材施教。对于那些没有标准答案的问题，最好的解决办法就是任由宝宝的想象力去驰骋，这样孩子才能爱上学习。

# 18.每天都迟到很严重吗

## 老师的观察

壮壮上幼儿园经常迟到，有时候老师都已经在帮小朋友准备早饭了，壮壮才到幼儿园。很少能参加早操。壮壮的妈妈说，壮壮早上不爱起床，如果起早了就会哭闹，所以没办法，才经常迟到的。老师希望通过心理疏导，让壮壮明白遵守时间的重要性，

## 心理疏导实操

幼儿时间观念较差，起居习惯需要大人帮助培养。如果孩子经常拖延、懒床。时间久了，就会形成行为拖拉、懒惰、缺乏时间观念的坏习惯，到了上小学就会很难适应纪律的约束。而且，迟到的家长送孩子上幼儿园时，老师正在组织教育活动，一声“老师早上好”，把孩子们的注意力全部吸引到迟到者身上，这样一来，不但教育活动被打扰，而且教育活动的时间也被侵占。

☆心理疏导第一天☆

关于守时的故事

很久很久以前，小兔子和小狐狸都只有短短的尾巴。有一天，大森林里来了一个会魔法的仙女，她说可以实现小狐狸和小兔子的一个愿望。小狐狸和小兔子都说想要一条毛茸茸的大尾巴。仙女说："这个很简单，只要明天早上7点，你们准时到达森林的东面的枯树枝上，我就会帮你们实现愿望。第二天早上，小狐狸早早就上路了，而小兔子呢，还想多睡一会。结果小兔子一不小心睡过头了，当小兔子赶到约定的地点时，仙女已经走了。而小狐狸由于遵守约定的时间，拥有了一条毛茸茸的大尾巴！"

☆心理疏导第二天☆

"大家都知道小狐狸为什么会有长长的大尾巴了，就是因为他遵守时间。明天，老师将为大家准备特别美丽的贴纸，只要在7：30能够到幼儿园的宝宝，都会获得美丽贴纸，大家会遵守和老师的约定时间吗？"

先让宝宝有一个基本的守时概念，然后再用奖励的方式和小朋友互相达成约定。经过反复不断地强调，一定能够让宝宝成为一个有时间观念的人。

# 19.宝宝换了新的幼儿园

## 老师的观察

乐乐是刚刚转学过来的宝宝，面对新的环境有些陌生，同时还很思念之前的老师和同学们，所以在情绪上一时很难高兴起来。希望通过心理疏导，让乐乐尽快适应新的环境，并且能拥有新的朋友。

## 心理疏导实操

宝宝的适应能力是最强的，而到了一个陌生的环境中，失去了之前的玩伴，这对宝宝来说是最难过的。所以心理疏导的实操重点一是让宝宝快速认识小朋友和老师，二是让宝宝能有新的玩伴。

☆心理疏导第一阶段☆

小朋友们，这是乐乐，是幼儿园里新的小伙伴。接下来小朋

友们要说一下自己叫什么名字，最喜欢什么，有什么事情只要一想到就会哈哈笑起来，最后要说一句："乐乐，让我做你的好朋友吧。"（如果是小班的宝宝，就不用说第三个环节了。）

☆心理疏导第二阶段☆

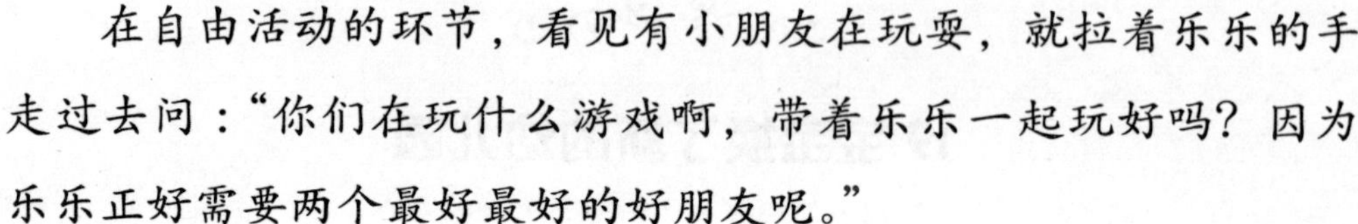

在自由活动的环节，看见有小朋友在玩耍，就拉着乐乐的手走过去问："你们在玩什么游戏啊，带着乐乐一起玩好吗？因为乐乐正好需要两个最好最好的好朋友呢。"

☆心理疏导第三阶段☆

小朋友换新的环境最困难的就是睡午觉的环节。因为陌生的环境和陌生的人很难让宝宝安心入睡。这时，老师就要事先提醒家长，将乐乐平时在家玩的娃娃一起带到幼儿园里，让乐乐最喜欢的娃娃陪伴他入睡。

需要注意的是，有的宝宝在换幼儿园的时候中午根本睡不着觉，这个时候就是宝宝最脆弱的时候，老师可以轻轻拍拍宝宝安慰宝宝，只有当老师和宝宝之间建立起了绝对的信任关系之后，宝宝才会在老师的陪伴下安然入睡。

# 第四章

## 任性的宝宝更需要爱

任性的宝宝大多缺乏关爱。因为想要得到爱，因为想要得到关注，所以用任性的方式来表达自己的情绪。其实“坏宝宝”更需要关爱，或许就因为一次小小的温暖，就能改变一个宝宝的一生。

## 1.别过来！这是我一个人的小世界

### 老师的观察

熙熙是一个很孤僻的宝宝，脾气还很大。每次自由活动的时候，熙熙都自己在一个角落里面玩，并且划分好区域，任何宝宝踏入这个区域，就会被熙熙赶出去，并且大喊："别过来，这是我家！"希望通过心理疏导，让熙熙走出自己的小世界。

### 心理疏导实操

熙熙不合群的表现源自自己曾经受到了排挤，而熙熙希望通过这样的方式来"报复"曾经排挤过他的小朋友。在受过伤害后，小朋友会将每一个人都当做假想敌。而心理疏导的重点就是消除熙熙的戒备心理。熙熙表现得越是格格不入，其实他越是希望融入集体。只不过现在他还不懂得表达自己的委屈。熙熙此刻内心的语言就是："哼，为什么不和我玩！你们不和我玩，我也不和你们玩了！"

☆心理疏导第一阶段☆

有礼貌地走近熙熙的内心

“熙熙，老师能过来和你玩吗？请问这里是你的小小淘气堡吗？看起来实在是棒极了！”其实这个时候有人能关注到熙熙的角落时，熙熙已经很开心了，只不过还要撑一下面子，因为心里的委屈并没有完全发泄。

☆心理疏导第二阶段☆

当熙熙能够接受老师进入自己的圈子之后，老师可以询问熙熙的意见，是否可以让其他小朋友一起来玩，因为这个实在是太棒了！在得到熙熙的首肯之后，就可以带着其他的小朋友一起过来和熙熙玩了。但是此时熙熙不可能立刻融入到集体中来，所以老师应该让熙熙来主控这个场面，让熙熙给大家介绍一下自己的“淘气堡”，这样，一个“过家家”模式就开始了。

在后续跟踪疏导的过程中，仍然要注意帮助熙熙融入集体，因为熙熙内心是非常渴望融入的，但是自尊心又不允许自己这么快就放下防备。对于这样一个傲气的小不点，老师需要通过他坚硬的“外壳”看见他柔软的“内心”。

## 2.我的玩具不给别人玩

### 老师的观察

小满在做游戏和跳舞蹈的时候都很合群，表现得很友好。但是一旦涉及要和小朋友一起玩玩具，小满就会很强势，自己选中的玩具从来都不允许别人碰。甚至会因此动手打小朋友。所以，小满更加在意的是物品的所属权问题。希望通过心理疏导，让小满在涉及到物品的时候不要这么过激。

### 心理疏导实操

小满的行为方式可能有两种成因：一种是家人过于强化所属权问题，将奖励所有好玩的东西都说成是小满的。还有一种就是小满的家里有其他的孩子，会和小满争抢玩具。而家长并没有注意这种问题的处理方式。所以小满的行为会有些过激。

☆心理疏导第一阶段☆

让小满爱上分享。在班级里举办分享日，每天由两个小朋友帮大家带来分享的小礼物，可以是贴纸、小水果、小点心等等。每天两个小朋友将礼物分给大家，接到礼物的请对分享者说谢谢，最后所有小朋友将两个负责分享的小朋友围在中间，大声说："谢谢你的礼物，我们喜欢你。"小满的分享排期可以根据小满对分享日接受的程度来灵活排。

☆心理疏导第一阶段☆

让小满明白分享后可以收获更多。"大家都记得自己分享出去的是什么礼物吗？我们每个人分享了一种礼物，却收到了十几种礼物，还收获了小朋友们的感谢和祝福。所以分享之后，收获更大，对不对？"

孩子能够萌发对物品的所有权意识，是一种成长，但是如果分寸过了，就会养成偏激的性格，会失去感受爱的能力。我们多次强调，教育的目的是为了培养会主动获取爱的宝宝，是为了培养出爱笑的天使，是为了保护孩子心中热情的火焰。

## 3.我故意抢了小朋友的玩具

### 老师的观察

铮铮在自由活动的环节中，想要玩焕焕手中的皮球。但是焕焕没有玩够，铮铮就抢走了焕焕手中的皮球。但是抢走之后铮铮并没有玩皮球，而是将皮球扔到了脚下。然后，铮铮又去抢其他小朋友的玩具。一时间弄哭了好几个小朋友。老师觉得铮铮是有心事的，而且像是在证明什么。所以希望通过心理疏导，让铮铮打开心结，不要再用暴力解决问题。

### 心理疏导实操

铮铮是在极力证明自己的实力，极力证明自己是很强大的。这样的极力证明其实就是极度缺失，所以铮铮应该是被欺负了。老师在通过电话家访的时候了解到，铮铮的姑姑带着表哥到家里来做客，不仅抢铮铮的玩具，还总趁着妈妈不注意的时候偷偷打铮铮。铮铮妈妈碍于面子也没说什么，可是铮铮一直在和妈妈说：

“哥哥坏，哥哥不乖。”妈妈却说：“哥哥是客人，过两天就走了，你让着点哥哥。”而哥哥通过欺负铮铮，反而得到了更多的玩具。这对铮铮来说是非常委屈的。所以铮铮将自己的委屈全都发泄在幼儿园小朋友的身上了。

☆心理疏导第一阶段☆

理解铮铮心中的不满，让铮铮把委屈发泄出来。

“老师知道铮铮在家里受委屈了，老师全都知道了，小哥哥不乖欺负铮铮了，然后你觉得妈妈没有批评哥哥，很委屈对不对？”

“嗯。”

“那你有没有想过，幼儿园的小朋友都很爱你，但是你却用小哥哥的方式来欺负爱你的小伙伴，他们也会像铮铮一样伤心呢。铮铮那么乖，知道什么是对的，什么是错的。所以老师不用多说什么，铮铮自己也知道今天抢小朋友玩具是不对的。铮铮就是很委屈不知道怎么办好了，那现在老师为铮铮保密，铮铮到老师怀里哭一下下就好。”

☆心理疏导第二阶段☆

在铮铮发泄完心中的委屈之后，继续强调，知道是不好的行为就不要做。

“铮铮不哭了，咱们已经知道小哥哥做得不对了，就不要向小哥哥学习。如果你觉得委屈，就去和姑姑说小哥哥做错了。如果你不想和姑姑说，那就要原谅小哥哥。这件事情只有这两种解决方法，铮铮必须选择一个。”

老师教会了铮铮解决问题的思路，就是遇到委屈的时候，要么主动回应，要么选择原谅。无论怎样，都不要让自己也变成一个不听话的宝宝。

## 4.抱歉，我又打架了

### 老师的观察

龙龙最近总是打架，有时候嫌站在他前面的小朋友走路慢，他会打人。有时候嫌别的小朋友说话声音太小，他会打人。好像在龙龙的心里，解决一切问题的方法就是自己的拳头。这可能和龙龙最近接触到的环境有关系。希望通过心理疏导，让龙龙不再这么暴力。

### 心理疏导实操

经过老师的了解，最近龙龙有了一个新伙伴，也就是龙龙叔叔家的哥哥。龙龙的哥哥非常喜欢看暴力的卡通片，而且看起来没有节制。龙龙第一次接触这样的卡通片，觉得非常新奇，而且哥哥总是能给龙龙带来很多新奇的东西。比如，两个人一人一把“屠龙刀”，要浪迹江湖、行侠仗义；两个人一人一把水枪，经常要“大战300回合”。哥哥对龙龙很好，如果有谁对龙龙态度不好，哥哥上去就是一拳。龙龙觉得哥哥非常威风。龙龙有了新的榜样，所以一切行为都是按照榜样的模式来的。

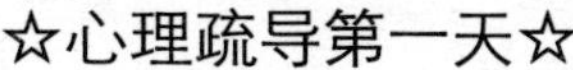

☆心理疏导第一天☆

帮助龙龙选择新的卡通片

老师和小朋友们一起观看符合幼儿年龄特点的卡通片，而后老师给孩子讲解卡通片中所涉及到的行为规则。虽然这些卡通片不足以在龙龙心中建立新的榜样，但可以让龙龙意识到除了暴力，还有很多解决问题的方法。

☆心理疏导第二天☆

用安静的游戏取代龙龙对打架游戏的兴趣

老师发现龙龙一直都很喜欢画画，于是为大家留了一个作业，让大家画出“我的一家”。龙龙为了完成作业，拉着哥哥整晚都在画画，两个人都非常认真，根本忘记了玩打架游戏。

接下来的心理疏导，每天都要根据孩子的兴趣点设计一些可以家庭成员共同参与的、安静的活动，比如贴画、手工等，通过这些游戏不但可以转移孩子的兴趣点，更重要的是能培养孩子平和的心境。

## 5.我要妈妈陪我一起上幼儿园

### 老师的观察

唯唯最近每天早上上幼儿园都要哭鼻子，原来呀，之前一直是奶奶送唯唯上幼儿园，最近换成了妈妈送唯唯上幼儿园。唯唯每次都哭着不让妈妈离开，一直吵着让妈妈陪着一起上幼儿园。老师安慰了唯唯好久，但是唯唯低落的情绪一直持续了一上午。唯唯的表现是和妈妈相处的时间太少，所以会不想离开妈妈，会有短暂的焦虑。

### 心理疏导实操

唯唯的妈妈工作比较忙，平时陪唯唯的时间很少。但是唯唯一直是跟着妈妈一起睡觉的，晚上的时候和妈妈开开心心玩一会。到了早上唯唯总是觉得和妈妈相处的时间不够，总是希望更多一些时间。可是好不容易等到妈妈休年假了，唯唯却要上幼儿园了。这时候的唯唯其实是不想上幼儿园的。老师知道唯唯的想法之后，就知道该怎样帮助唯唯调整情绪了。其实现在唯唯和妈妈相处的时间要比之前的多很多，因为唯唯妈妈会早早来接唯唯放学。但是唯唯的心理预期是一整天都和妈妈在一起，所以对于现状还是有很多心理落差的。

☆心理疏导第一阶段☆

让唯唯认识到现在的时光很幸福

“唯唯，老师每天都能发现很多让人高兴的事情，比如说现在，唯唯的妈妈每天都能接送唯唯上幼儿园，每天有更多的时间陪着唯唯，老师都替唯唯觉得开心。唯唯呢？唯唯觉得和妈妈在一起的时间变多幸福吗？”

“幸福，唯唯最喜欢妈妈了！”

☆心理疏导第二阶段☆

让唯唯知道幸福的时光就要快乐地度过

“唯唯，你刚刚说和妈妈在一起的时间很幸福，但是如果你在幸福的时间里是哭着度过的，你觉得是不是把这个幸福给浪费了啊。如果妈妈陪着唯唯的时候，唯唯是哭着度过的，那唯唯就是把妈妈的时光浪费了呢。”

本次心理疏导的目的是让孩子学会感受幸福，让孩子学会爱，让孩子发现美。给孩子一种积极向上的能量。

## 6.别人有的我也要有!

### 老师的观察

琪琪每次上幼儿园都会拿着新的玩具。但是每一次都是因为看见别的小朋友玩了一个新玩具，琪琪就会吵着要，妈妈怕琪琪抢其他小朋友的玩具，每次都会给琪琪买一个新玩具。有一天，琪琪看见乐乐拿了一个孙悟空玩偶来到了幼儿园，于是便吵着嚷着想要。第二天，琪琪就带了一个孙悟空玩偶来上学了。结果，到了幼儿园发现牛牛的爸爸出国回来带给牛牛的变形金刚。这个玩具家附近没有卖的，妈妈一时间也没有空出去买，琪琪就死活也不来幼儿园了。老师希望通过心理疏导，让琪琪减少一些攀比的心理。

### 心理疏导实操

小朋友对新鲜的事物都有好奇心，而家长一味地满足孩子的好奇心，就会让孩子变得贪心。时间长了会助长宝宝的攀比心理。家长在满足孩子的需求时，一定要有一个时间延迟，这样才不会让宝宝贪得无厌，同时，也不能对宝宝百依百顺，不能所有的要求都满足。给孩子的礼物应该作为一种奖励，而不是一种随意能得的。如果将礼物变成日常的行为，那么就得不到孩子的珍惜。

☆心理疏导第一天☆

讲一讲那些被保留了很久的玩具

“今天，老师给大家说一个故事，老师小的时候有一个洋娃娃，可漂亮了，后来时间长了，洋娃娃的衣服破了，我就亲手给洋娃娃做了一条美丽的连衣裙，这一下，洋娃娃又变成新的了。而当这一条裙子旧了，我就再帮它做一条新裙子。这个娃娃是我最好的朋友，也是陪伴我时间最长的玩具了。老师相信大家应该都有自己最喜欢的玩具，可以像对待朋友一样对待它。”当大家纷纷说出自己最喜欢的玩具时，琪琪犹豫了很久，因为琪琪只记得自己最新的玩具

☆心理疏导第二天☆

让小朋友把自己最喜欢的玩具带到幼儿园里一起上课。琪琪这一次没有哭着喊着要其他小朋友的玩具，而是很自豪地将自己的玩具车抱在怀里，这一刻，琪琪是从内心里在肯定自己的玩具。琪琪再也不是那个别人有什么我也必须要有的宝宝了。

宝宝很多时候哭闹着要买和别人一样的玩具的时候，是带着一种试探的心理的。如果大人退缩了，宝宝就会得寸进尺；如果大人守住原则，宝宝就会适可而止。所以对于宝宝的需求，一定要有原则地满足。

## 7.不爱吃的饭我就直接倒掉

### 老师的观察

童童最近情绪起伏特别大，在幼儿园里面也经常发脾气。经常冲着其他小朋友大吼大叫，今天在吃饭的时候，童童说自己不喜欢吃胡萝卜，于是将所有的饭菜都倒在了桌子上。老师让童童一直站在餐桌前，看着保洁员阿姨打扫卫生，然后又带着童童去厨房，看着保洁员阿姨洗碗。童童全程一声都不吭，但是老师看得出来，童童在忍耐自己的情绪，因为她知道自己做错了，却不想承认，于是一切就这样陷入了僵局。希望通过心理疏导，让童童明白，无论自己情绪怎样不好，都不能让别人为自己买单。

### 心理疏导实操

童童将饭菜倒在桌子上属于突然事件，童童一直都在试探大家的底线，想要成为所有人眼中的焦点。而事实上，什么事情应该做，什么事情不应该做，童童心里是很清楚的，只不过想通过破坏规则来证明自己的存在。

☆心理疏导第一天☆

“童童，现在是厨房的阿姨在准备幼儿园晚饭的时间，老师带你去厨房帮忙，你一定要仔细观察，看看阿姨都做了哪些准备，才将香甜可口的饭菜送到了我们的餐桌上的。”让童童参与做饭的过程是为了让她知道自己浪费了别人多少劳动成果，让童童学会体谅他人。

☆心理疏导第二天☆

用讲故事的方式讲述一粒米的生长过程，让孩子知道粮食的来之不易，然后让童童来给大家讲一讲，一粒米是怎样变成香喷喷的米饭的。这个过程只有童童参与了，所以童童会很有自豪感，故事也会讲得比较认真。宝宝还没有完整的逻辑思维，不会将这次心理疏导与自己前一天犯的错误联想到一起，所以不会用消极抵触的心态来面对疏导的过程。

在这个心理疏导的过程中，童童成功吸引了大家的注意力，但是这一次不是靠发脾气，而是靠讲故事。所以老师只要及时鼓励童童讲故事，就会让童童爱上这种正面的被关注的感觉，以后也就不会再选择用发脾气的方式来寻求关注了。

## 8.无论什么事情都说“不”

### 老师的观察

江江是一个开口就要说“不”的宝宝，无论什么事情，江江第一时间的反应都是不可以！这不是江江在捣乱，因为生活中的江江也是如此。希望通过心理疏导让江江改变自己的思维方式，无论发生什么事情，先想着怎么解决，而不是怎么否定。

### 心理疏导实操

通过老师的了解，江江的生活中就是充满了“不”，无论江江做什么，奶奶一定会先说“不”。比如说，江江放学时看见奶奶在门外等着自己，就飞快地跑到奶奶身边，奶奶说的是:“别跑，小心摔倒。”而江江想要自己穿衣服，奶奶会说：“那可不行，你太小了，自己弄不好，奶奶帮你吧。”就这样的耳濡目染，让江江也变成了一个什么事情都说“不”的宝宝。

☆心理疏导第一阶段☆

“今天我们来做一个游戏，这个游戏可能会延续一整天哦。我们要比赛，一整天都不说‘不’字，看看究竟谁能获得最后的胜利。如果老师问你想不想上厕所，不想上厕所的宝宝可以说‘老师，我再玩一会’之类的，反正，今天不许说不，一会老师数三个数，我们的游戏就正式开始。”这个游戏很难，但是在游戏的过程中，一旦小朋友们发现谁说“不”了，一定会笑着指出来，而老师可以先自己“犯规”，让小朋友发现老师的破绽。这样，大家都会很有成就感，游戏就更好进展了。

☆心理疏导第二阶段☆

“今天我们在做一个游戏，无论说什么话，都要带一个‘好’字，比如，想上厕所的小朋友就可以说‘老师，我好想上厕所’，看见一个漂亮的蝴蝶要说‘好漂亮的蝴蝶’，吃了一口甜甜的水果，要说‘好甜的水果’，一会老师数三个数，比赛就开始了，谁没有说‘好’，就要被挠痒痒哦。”

经过心理疏导，孩子们会在游戏中学会，用积极正面的想法来对待每一件事情。

# 9.爱唱反调的“小刺头

## 老师的观察

闹闹是一个“小刺头”，凡事都喜欢和别人唱反调。小朋友们说要去做什么，他一定不去。小朋友们说想看动画片，他就会站在电视机前，谁都不准看。老师说上课不许乱说话，闹闹一定会说个不停，还不停地做鬼脸。老师觉得闹闹其实是一个很自卑的孩子，一直想寻求肯定，却一直得不到肯定，所以才会故意激怒大家，博取关注。这也是闹闹的自卑心理在作祟。希望通过心理疏导，让闹闹更加自信，也能更好地融入集体。

## 心理疏导实操

闹闹家里还有一个姐姐，从小爸爸妈妈就夸姐姐乖巧懂事，而闹闹，则是从小就被认为是一个不听话的孩子。于是闹闹真的越来越闹了。这就是一个不合理的“标签”，导致孩子真的向这个方向发展了。而闹闹一直生活在姐姐的光环下，所以无论自己怎么做，都会被说成是不听话，那么索性就真的不听话，以为大

家就都注意我了。

☆心理疏导第一阶段☆

让闹闹发现并肯定自己的优点

闹闹的优点就是非常会玩拼图，总是能很快就把拼图拼好，而且在玩拼图的过程中，闹闹会出奇地认真、专注。老师知道，这才是真正的闹闹。“闹闹的拼图拼得又快又好，是因为闹闹做得很认真，老师非常喜欢这样认真的闹闹。”

☆心理疏导第二阶段☆

帮助闹闹融入集体

由于闹闹之前常常“胡闹”，小朋友们都不太喜欢和闹闹玩。所以今天要做一个团队合作的游戏。把小朋友分成三组，抱着皮球接力赛跑。闹闹跑得很快，老师安排闹闹跑最后的一“棒”，在闹闹跑的时候，所有小朋友都在给闹闹加油，这一刻的闹闹反而有些不好意思了。老师也知道，这个有些腼腆的小运动健将，才是真正的闹闹。

孩子经常会被一个标签而左右自己的行为，而想要摘掉这个标签，就要让宝宝做出更加让人震惊的结果。每个孩子都是有闪光点的，不要让一个片面的标签影响大家对于一个宝宝的完整的认识。

## 10.不睡午觉的小淘气

### 老师的观察

蜜果最近中午不喜欢午睡，在床上翻来覆去不睡觉，还总会打扰其他小朋友休息。现在蜜果会要求老师陪着，先是让老师讲故事，然后是让老师拍一拍，后来干脆坐起来说："我们来玩游戏吧。"蜜果并不是不困，一直在打哈欠，但是就是不肯睡觉。老师希望通过心理疏导，能让蜜果乖乖睡午觉。

### 心理疏导实操

老师给蜜果妈妈做了电话家访，原来蜜果这一阵子迷上了《西游记》，晚上睡觉之前都要一直听着《西游记》睡觉。可是蜜果从原来的每天听一集，到后来每天要听三集才睡，结果就越来越依赖听故事睡觉了。

☆心理疏导第一阶段☆

蜜果喜欢《西游记》，老师就要从《西游记》入手

老师："蜜果，你最喜欢《西游记》里的哪一个人物啊？"

蜜果："孙悟空！"

老师："那孙悟空晚上睡觉乖不乖啊？"

蜜果："蜜果不知道。"

老师："老师知道，孙悟空每天白天的任务是保护唐僧西天取经，晚上的任务就是乖乖睡觉。因为如果孙悟空哪个晚上不好好睡觉，白天就没有精力保护唐僧啦。"

在给蜜果灌输了晚上要乖乖睡觉的心理暗示后，就要进行下一步的心理疏导了。

☆心理疏导第二阶段☆

让蜜果答应每晚只听1集故事

老师："蜜果，你希不希望自己也能像孙悟空那样厉害啊？"

蜜果："希望！"

老师："那你就要乖乖睡觉才行，因为只有乖乖睡觉的宝宝才能长得高高的，才会变得很厉害哦！蜜果答应老师，以后回家每晚只能听1集《西游记》好不好？"

蜜果："好的！"

蜜果的心理疏导其实是需要一个过程的，因为要戒掉原来的习惯需要循序渐进。家长要配合老师，尽量不要让宝宝在睡觉的时候听故事，可以将听故事的时间提前，以免宝宝睡前过于兴奋。

## 11.我骂人是因为他先骂我了

### 老师的观察

涛涛在自由活动的环节，突然对着凡凡大声喊:“你是大笨蛋，你这个大笨蛋！你才是大笨蛋！”老师赶到的时候涛涛特别激动。老师说:“涛涛，你这样骂人是不对的。”涛涛更加激动了，说:“是他先骂我的！我骂他为什么不对！”希望通过心理调节让涛涛不要这么暴躁，也要让两个孩子重归于好。

### 心理疏导实操

这件事情是凡凡有错在先，所以涛涛才会这么生气，但是涛涛的反应有些过激，所以老师要好好疏导涛涛暴躁的情绪。

☆心理疏导第一阶段☆

了解涛涛的想法

老师：“涛涛，今天凡凡惹你不高兴了对吧。然后你就发脾

气了，对不对？”

涛涛：“是他先骂我的，他骂我一句，我就要骂他三句！”

老师：“为什么呢？”

涛涛：“是爸爸教我的！谁要是打我一下，我就要立刻打他三下！”

老师：“那么老师再教你一个方法好不好？如果下次有人再骂你，你就连说三遍‘请你说对不起’，而不是重复他说过的话，好吗？如果他能道歉，我们就要做一个男子汉，原谅他。”

涛涛：“嗯。”

老师：“那一会儿我去叫凡凡过来，你们互相说一句对不起，然后拥抱一下，原谅对方，好吗？”

☆心理疏导第二阶段☆

让凡凡意识到自己的错误

凡凡的的错误似乎被涛涛的错误给掩盖过去了，但是依然要让凡凡正视自己的错误，否则凡凡会心存侥幸心理。

在凡凡和涛涛都认识到自己的错误之后，要让他们手拉手回到教室。孩子的友谊很简单，往往拉拉小手，微微笑一下，就重归于好了。

## 12.是我故意弄脏了书桌

### 老师的观察

文文在画画的时候，把所有的颜料都倒在了桌子上，然后用手指蘸着颜料在桌子上乱画，文文很开心，而且觉得自己的“作品”很好看。其实孩子在无意间的创作就是想象力和创造力的提升。文文的做法并没有错，只不过需要我们正确看待这件事情。希望通过心理疏导，让文文更加喜欢画画，也更加敢于承担结果。

### 心理疏导实操

文文在家里经常和妈妈一起玩手指画，文文总是弄得浑身五颜六色，地面也是脏兮兮的，然后开心地在颜色里打滚。当文文玩够后，妈妈就帮文文洗澡，然后擦地、打扫卫生。所以文文才在幼儿园玩起了颜料。文文的创作激情不能被打消，所以这件事情不能批评文文，相反，还要表扬文文。

☆心理疏导第一阶段☆

肯定文文的作品

“涂鸦”是孩子进行想象的手段，肯定孩子的“涂鸦”，就是保护孩子的想象力。文文呢之所以将书桌弄得到处是颜料，是因为文文真心喜欢画画，所以，对于文文的作品一定要给予肯定。

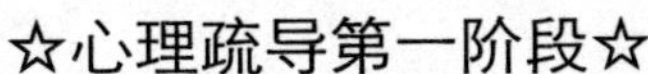

☆心理疏导第一阶段☆

让文文学会承担结果

“文文，你看，现在我们也画完了，桌子要擦一下啊，要不然明天不能用了，现在文文就和老师一起帮桌子洗澡好不好？”

“好！”

在打扫完卫生之后，一定要及时夸奖文文擦得干净，并鼓励文文在家里画画之后，也要帮助妈妈一起打扫卫生，因为文文擦过的地面特别干净。

## 13.专门扯女孩辫子的小魔头

### 老师的观察

林林是个小男孩，总是喜欢欺负扎辫子的女生，每次有女孩子扎辫子了，林林就会过去扯人家的辫子。希望通过心理疏导，让林林学会和女孩子交流的正确方式。

### 心理疏导实操

喜欢扯女孩子的小辫子不一定代表不喜欢，相反，这是喜欢却不懂得怎么表达的表现。林林的妈妈说，林林平时也喜欢洋娃娃，但是大家都觉得林林是男孩子，不应该玩洋娃娃，所以每次林林有这样的要求的时候，都是被拒绝的。有一次林林因为哭着想要洋娃娃，甚至被爸爸打了屁股。这件事情就是导致林林现在扯女孩子小辫子的原因。由于林林的需求一直被拒绝，所以林林潜意识里的需求就会更大。而爸爸因此打了林林，林林会觉得自己做了非常错误的事情，而这件事情的元凶就是洋娃娃。所以当林林再看见像洋娃娃一样的女生时，就会去扯人家的辫子。

☆心理疏导第一阶段☆

帮助林林认领一个洋娃娃

幼儿园里有很多玩具，其中也有洋娃娃。要梳理掉林林身上的负面情绪，就要先肯定他的需求。事实上男孩子喜欢洋娃娃并没有任何错，任何一件美好的事物，都会有人喜欢，而且权利是均等的。

“林林，这个洋娃娃现在就是你的好朋友了，你可以在幼儿园里照顾它，这是我们的秘密，好吗？”

当林林接受任务之后们就要继续疏导林林扯女孩辫子的问题了。

☆心理疏导第二阶段☆

让林林学会和女孩子相处

老师：“林林，你觉得慧慧的小辫子可爱吗？”

林林：“好看。”

老师：“那这么好看的小辫子我们千万不要破坏它，要不然就不可爱了，对不对，而且慧慧会疼的呀，很疼很疼的。一会我们去找慧慧道歉，然后去和慧慧做朋友好不好？”

林林：“好！”

男孩子喜欢洋娃娃并不是一件错误的事情，爸爸因为这件事情打了林林，会让林林在洋娃娃的事情上有羞耻心，必须及时消

除，不然，当林林长大以后这种羞耻心很可能会成为林林和女孩子交流的障碍。

## 14.老师，窗外有大灰狼吗

### 老师的观察

亮亮最近在睡午觉的时候，总是不停地向窗户的方向看去。而且看起来睡得很不安稳。老师发现以后，问："亮亮在看什么呢？"亮亮说："老师，窗外真的有大灰狼吗？我不睡觉就会把我吃掉吗？"原来亮亮是在睡觉的时候受到了"恐吓"。老师希望通过心理疏导，让亮亮忘记那些让自己恐惧的话。

### 心理疏导实操

孩子们在家里都不太喜欢睡觉，因为永远觉得玩的时间太少。所以，有些家长就会找个吓唬孩子的方式强迫孩子睡觉。比如："再不睡觉，大灰狼就把你叼走。""再不睡觉我就不要你了！"这样的恐吓式引导并不会给孩子带来什么积极正面的影响，相反，只

会让孩子更加焦虑不安，难以入睡。

☆心理疏导第一阶段☆

打破亮亮的疑心

老师："亮亮，如果你害怕窗户外面会有大灰狼，老师会保护你的，而且窗户外面怎么会有大灰狼呢？大灰狼又不会飞！不信，现在老师就抱你过去看个究竟。"老师带着亮亮查看了所有的窗帘，亮亮发现窗户外面并没有大灰狼，于是就安心地回去睡觉了。

☆心理疏导第二阶段☆

让亮亮明白小宝宝睡觉的重要性

老师："亮亮，你觉世界上最厉害的人是谁？"

亮亮："是奥特曼！"

老师："那你知道吗，奥特曼之所以这么厉害，是因为他小的时候每天都按时睡觉，从来都不拖延，所以才这么有力量。无论什么时候有坏人呢，奥特曼都会出现。因为他睡得多，身体壮啊！"

在帮助孩子梳理情绪的时候，一定要选择孩子最能接受的角色切入。同时，要给孩子积极向上的正面的信息，切忌吓唬孩子。

# 15.从来都不哭的宝宝

## 老师的观察

田田在幼儿园从来都没有哭过，但是也很少笑，大多数时候田田都是表现出一副淡淡的甚至有些冷漠的表情。哭泣是幼儿正常的心理宣泄的方式，既可以表达伤心、生气、委屈，也可以表达害怕、疼痛。但是田田从来没有过这些情绪。老师希望通过心理疏导，让田田能够更加放松一些。

## 心理疏导实操

情绪冷漠的宝宝一般都是在家里时，情绪得不到满足，或者哭的时候遭遇了冷暴力。有一些家长相信，只要宝宝哭的时候不理会他，宝宝自然不会用哭的方式来威胁家长了。其实这种做法是错误的，因为孩子哭的时候是一种情绪的表达，家长应该仔细分辨究竟是哪一种情绪，如果孩子因紧张和焦虑而哭，却一直得不到关注，这就是冷暴力。经常遭遇冷暴力的宝宝情绪会很冷漠，

长大以后无论有什么委屈，都不会想和自己的家人倾诉。

☆心理疏导第一阶段☆

每天都要给田田格外的关注。可以是拥抱，也可以是鼓励。因为田田表现出来的是感受爱的能力很弱，所以一定要加倍呵护才能让田田感受到。

☆心理疏导第二阶段☆

鼓励田田表达自己的情绪。带着田田一起大笑、一起快跑、一起喊，即使田田不会跟着一起做，也要表达给田田看，因为这是情绪表达的示范。

从来都不哭的宝宝比经常苦恼的宝宝更需要关注，因为小宝宝如果完全丧失感受情绪的能力，会逐渐停止情绪上的发育，长大以后也很容易情感缺失，所以一定要时时刻刻关注田田微小的情绪变化。

# 结 语

“儿童是花朵，教师是园丁。”当成长中的花朵遭遇一些小问题时，园丁应该找到其原因，并进行正确的引导。

幼儿的心思很细腻，但是语言表达能力有限，所以细致地观察幼儿的情绪，对幼儿的身心健康十分重要。

本书系统而全面地论述了幼儿经常出现的80种幼儿心理行为问题，并结合大量的案例剖析了问题产生的原因，提出了具体的策略和教育建议。

在章节安排上，书中每一节都以经典的心理学实验或真实的问题情境引出心理效应，然后结合故事或案例，阐述便于幼儿教师使用的教育方法与策略，为幼儿教师提供了一部详实的“园艺指南”。同时，它也告诉我们，幼儿问题行为的处理，是一项春风化雨、润物无声的“园艺系统”工程。